10대와 통하는

생물학 이야기

10대와 통하는
생물학 이야기

제1판 제1쇄 발행일 2019년 10월 3일
제1판 제4쇄 발행일 2022년 1월 1일

글 _ 이상수
기획 _ 책도둑 (박정훈, 박정식, 김민호)
디자인 _ 채홍디자인
펴낸이 _ 김은지
펴낸곳 _ 철수와영희
등록번호 _ 제319-2005-42호
주소 _ 서울시 마포구 월드컵로 65, 302호 (망원동, 양경회관)
전화 _ (02) 332-0815
팩스 _ (02) 6003-1958
전자우편 _ chulsu815@hanmail.net

ISBN 979-11-88215-31-7 43470

철수와영희 출판사는 '어린이' 철수와 영희, '어른' 철수와 영희에게
도움 되는 책을 펴내기 위해 노력하고 있습니다.

10대와 통하는

생물학 이야기

이상수 글

철수와영희

생물학은
무지를 발견하는
학문입니다

과거 생물학은 발견의 학문이었습니다. 새로운 동물과 식물을 발견하여 분류하는 것이지요. 생물학의 토대를 마련한 다윈의 진화론도 핀치라는 새의 발견에서 시작되었습니다. 그러나 다윈이 핀치를 처음부터 알아본 것은 아니었습니다. 그는 갈라파고스 군도에서 포획한 수많은 새들을 그저 핀치와 굴뚝새, 검은지빠귀 세 종류로 분류했을 뿐이니까요. 다윈이 표본으로 만든 수많은 새들이 여러 종류의 핀치였음을 깨달은 것은 한참 뒤의 일이었답니다.

사실 다윈이 갈라파고스 군도의 섬에서 발견한 것은 자신의 무지였습니다. 세 마리의 검은지빠귀가 실은 서로 다른 핀치종이라는 것을 나중에 알게 되었지만 그는 섬마다 다른 종류의 핀치가 산다는 것을 이해할 수 없었지요. 섬들이 그렇게 가깝게 붙어 있는데 말입니다. 하지만 한 종류의 핀치가 각기 다른 섬의 다양한 환경에 적응한 결과 여러 종류의 핀치로 갈라졌다는 사실을 깨달은 다윈은 생물의 진화에 대해 진지하게 생각하게 되었습니다.

생물학은 무지를 발견하는 학문입니다. 물론 생물학뿐만 아니라 이웃한 학문인 물리학과 화학도 마찬가지긴 하지요. 자연을 관찰하고 왜 그런 현상이 일어나는지 모르고 있는 나 자신을 발견하는 것. 그것이 과학의 시작입니다.

다윈이 진화론을 세운 이후 생물학은 비약적인 발전을 거듭했습니다. 지구 규모의 생태학 연구에서부터 눈에 보이지 않는 세포와 바이러스 연구에 이르기까지 생물학이 밝혀낸 사실은 셀 수 없지요. 또한 DNA의 발견으로 등장하게 된 분자 생물학은 유전자 가위의 발명을 이끌어 내기도 했답니다.

생명의 설계도인 DNA를 편집하는 도구까지 손에 쥔 우리는 생명 현상을 많이 알게 되었지만 정작 생명 그 자체에 대해 알게 된 것은 많지 않습니다. 우리가 많이 알수록 우리의 무지는 더욱 커지고 있지요. 토양 박테리아가 곤충을 죽이는 현상을 발견해 그것의 유전자를 옥수수와 면화에 넣었지만 도리어 슈퍼 곤충이 만들어진 것처럼 우리는 생명에 대해 잘 알지 못합니다. 유전자가 편집된 옥수수를 먹인 쥐에게서 암이 발견되었지만 정확한 이유는 아직 모르고 있지요. 이런 가운데 우리가 먹는 바나나가 마름병 때문에 멸종될지 모른다며 바나나 구하기 프로젝트를 국제적으로 추진하고 말라리아와 뎅기열을 퇴치하기 위해 불임 유전자를 넣은 모기 수백만 마리를 몇몇 대륙의 야생 모기 개체군에 풀어놓기도 했습니다. 급기야 중국의 한 과학자는 인간 배아 유전자를 편집해 에이즈에 걸리지 않는 아기를 만들어 냈답니다.

하나의 유전자가 하나의 기능만 갖는 경우는 드뭅니다. 유전자를 하나 편집하면 원하는 기능을 하나 얻을 것이라고 기대하는 것은 무지몽매한 소리이지요. 바나나 유전자가 편집되어 우리 몸에 들어왔을 때 어떤 기능을 할지 모르고, 불임 유전자를 갖도록 편집된 모기가 야생 생태계에 불임 유전자를 마구 퍼뜨릴지 누가 알겠습니까. 에이즈 바이러스가 들어오는 관문 역할을 하는 유전자를 망가뜨리면 에이즈 감염은 막을 수 있다지만 다른 한편으로는 치명적인 전염병인 웨스트나일 바이러스를 막지 못할 수 있다고 합니다. 우리는 2만 3000여 개에 달하는 인간 유전자를 발견했지만 그것들이 각각 무슨 기능을 하는지 아직 속속들이 알지 못하지요. 특히 정자와 난자 같은 생식 세포를 편집하면 다음 세대로 유전되어 거의 영구적인 변화를 불러오기 때문에 생물학 연구자들은 더욱 신중할 필요가 있습니다. 비록 노화를 막기 위해 유전자를 편집하고 생명을 구하기 위해 수정란을 건드린다 해도 말입니다. 이러한 생각은 1장부터 3장까지의 글을 담아내는 기본적인 그릇이 되었지요.

생물학을 등에 업은 기술은 분명 강력한 힘을 가졌지만 그 힘에 우리가 무지하다는 진실을 담지 않으면 그것은 영화 〈해리포터〉에 나오는 악의 화신 볼드모트가 휘두르는 지팡이와 다를 바 없을 것입니다. '4장. 생물학, 도구로 말하다'는 이런 믿음을 바탕으로 생물학 연구 도구의 원리와 발전 모습을 담아냈습니다.

오늘날 생물학의 범위는 진화학에서 우주 생물학에 이르기까지 너무 방대해 연구자들도 자기 분야가 아니면 다른 분야의 연구자들이 무엇을 하고 있는지 잘 모른다고 합니다. '5장. 생물학, 문어발이 되다'에서는 문어발처럼 자기 분야는 물론 다른 학문 영역까지 발을 뻗치고 있는 현대 생물학의 모습을 담아 보았습니다. 생물학을 전공하고자 하는 10대 혹은 생물학에 관심 있는 10대들이 생물학의 각 분야를 살펴볼 수 있도록 용어 풀이나 백과사전식의 설명을 피하고 최근의 연구 성과를 적극 반영하여 현실감 있게 담아 보았습니다.

이 책을 펴내는 데 도움을 준 '사회적협동조합 문턱없는세상'의 고영란 상임이사를 비롯한 이사님들 그리고 언제나 존경하는 재훈이 형과 박평수 의장님께 특별한 고마움을 전합니다. 특히 함께 원고를 읽어 주고 조언도 해 준 딸 채민이와 아내에게 고맙고 사랑한다는 말을 남기고 싶습니다. 끝으로 누나와 두 동생네 가족 그리고 나를 낳아 주신 아버지, 어머니께 고마움을 전합니다.

이상수 드림

차례

1장 생물학,

물음에 답하다

"당신은 원숭이의 후손입니까?"

"그런 것을 생각하지 못했다니 내가 바보스럽다."

다윈의 『종의 기원』을 단숨에 읽어 내려간 토머스 헉슬리는 책을 덮은 뒤 신음소리를 냈습니다. 이 분야 전문가라고 자부한 헉슬리였지만 자연 선택에 의해 종이 진화한다는 다윈의 설명은 그에게 충격을 주었지요. 헉슬리는 훗날 진화론의 수호자라고 불리고 자연 선택에 의한 진화론을 맹렬히 옹호한 생물학자였지만 다윈의 생각을 접하기 전까지 진화의 진짜 원리를 깨닫지 못했던 것입니다.

다윈의 진화론은 태양계에 대한 지구의 특권적 지위를 박탈한 코페르니쿠스의 지동설과 마찬가지로 뭇 생명에 대한 인간의 배타적 지위를 허락하지 않았지요. 세상이 지구를 중심으로 돌고 그 정점에 사람이 서 있다는 창조적 세계관은 다윈에 이르러 새로운 상황을 맞이하게 됩니다.

진화론은 다윈이 처음 주장한 것이 아닙니다. 다윈 이전에도 진화론자가 있었는데 이들이 생각하기에 진화란 단순한 생물이 점차 복잡한 생물로 변해 가는 것이었습니다. 마치 사다리를 올라가듯 낮은 단계의 생물이 높은 단계의 복잡한 생물로 진보하는 것이지요. 하지만 다윈은 이렇게 생각하지 않았습니다. 그는 당시의 지배적 사고였던 '존재의 대사슬' 즉 무생물에서 시작해 식물-동물-인간-천사-신으로 이어지는 생명의 신분 질서를 지지하는 대신, 모든 생물은 나무가 가지를 치듯 공동 조상에서 갈라져 나온다는 '생명의 나무'를 주창했습니다. 다윈이 보기에 인간은 진화적으로 우월한 존재가 아니었습니다. 다른 생물들과 마찬가지로 진화의 나뭇가지 끝에 매달린 하나의 생물종에 불과했지요.

생명의 나무에서 사람은 특별한 지위를 상실한 채 한낱 원숭이와 공동 조상을 갖는 초라한 존재로 추락하는데요. 이는 1800년대 유럽의 지배 세력인 기독교의 커다란 반발을 불러 일으켰지요. 그들은 원숭이와 사람의 조상이 같을 수 있다는 다윈의 이야기를 구약 성서의 창세기 신화를 전면 부정하는 것으로 이해했습니다. 따라서 진화론을 둘러싼 찬성 측과 반대 측의 뜨거운 논쟁은 계속되었습니다.

가장 대표적인 논쟁은 헉슬리와 윌버포스 대주교의 대결이었는데요. 1860년에 영국 옥스퍼드 대학교 자연사박물관에서 열린 찬반 토론회에서 헉슬리가 진화론의 찬성 측 대표로 나섰고 반대 측 대표로 사무엘 윌버포스 대주교가 나왔습니다. 다윈의 진화론을 놓고 벌이는 토론이었지만 당사자는 참석하지 않았지요. 다윈은 드러내 놓고 남들과 대립하는 것을 꺼리는 성격인 데다가 병약했기 때문에 젊은 시절을 제외하면 거의 대부분의 시간을 런던 교외의 저택에서 조용히 진화론을 연구하며 은둔자처럼 지내 왔거든요. 이런 그를 위해 헉슬리는 기꺼이 다윈의 수호천사가 되어 주었죠.

윌버포스는 저명한 해부 생물학자인 리처드 오언의 도움을 받아 토론 준비를 단단히 해 왔습니다. 그는 하나의 종이 다른 종으로 변화할 때 중간 형태를 보여 주는 화석 증거 즉 중간 화석이 없다는 점을 강조하며 진화론은 허구라고 주장했지요. 또 윌버포스는 사람이 동물보다 뛰어날 뿐만 아니라 명백히 다르며 사람을 창조의 정점이자 완성이 아닌 개선된 원숭이에 지나지 않는다고 주장하는 것은 사람뿐만 아니라 신을 모욕하는 것이라고 지적했습니다. 발언을 마무리하며 윌버포스는 헉슬리에게 이렇게 질문을 던졌습니다. "당신이 원숭이의 후손이라면 할아버지 쪽이 원숭이입니까 아니면 할머니 쪽이 원숭이입니까?"

1000여 명의 관중들의 야유와 박수를 동시에 받으며 자리에서 일어선 헉슬리는 침착하게 다윈의 이론을 설명하고는 마지막으로 한마디 덧붙였습니다. "자신의 훌륭한 지적 능력을 잘 알지도 못하는

ON

THE ORIGIN OF SPECIES

BY MEANS OF NATURAL SELECTION,

OR THE

PRESERVATION OF FAVOURED RACES IN THE STRUGGLE
FOR LIFE.

BY CHARLES DARWIN, M.A.,
FELLOW OF THE ROYAL, GEOLOGICAL, LINNÆAN, ETC., SOCIETIES;
AUTHOR OF 'JOURNAL OF RESEARCHES DURING H. M. S. BEAGLE'S VOYAGE
ROUND THE WORLD.'

LONDON:
JOHN MURRAY, ALBEMARLE STREET.
1859.

The right of Translation is reserved.

『종의 기원』 초판(1859년)의 속표지.
다윈의 진화론은 태양계에 대한 지구의 특권적 지위를 박탈한 코페르니쿠스의 지동설과 마찬가지로 뭇 생명에 대한 인간의 배타적 지위를 허락하지 않았지요. 세상이 지구를 중심으로 돌고 그 정점에 사람이 서 있다는 창조적 세계관은 다윈에 이르러 새로운 상황을 맞이하게 됩니다.

과학적 논쟁에 뛰어들어 헛소리하는 데 이용하는 사람을 할아버지로 갖느니 차라리 원숭이를 할아버지로 갖겠습니다." 헉슬리의 반격에 회의장의 분위기는 숨 막힐 정도로 뜨거워졌고 그 와중에 한 여인은 기절했으며 다윈과 함께 수년 동안 군함 비글호를 타고 갈라파고스 군도와 남반구 일대를 탐사했던 피츠로이 함장은 성경을 들어 올린 채 진화론을 맹비난했습니다.

월버포스가 진화의 증거로 내놓으라고 했던 중간 화석은 다윈이 '잃어버린 고리'라 부르는 것입니다. 다윈이 활동하던 당시에도 사람과 유인원 사이의 연결 고리로 여겨졌던 네안데르탈인의 화석이 발견되었고 공룡과 조류를 잇는 (지금은 멸종된 원시 조류로 알려진) 시조새 화석도 발견되어 과도기 단계의 생물종이 존재한다는 증거로 제시되었는데요. 종교계는 이것을 중간 화석으로 인정하지 않았습니다. 그들은 도리어 시조새의 양쪽 빈 공간을 잇는 두 개의 화석 즉 공룡과 시조새 사이의 중간 화석, 시조새와 조류를 잇는 중간 화석을 모두 요구했습니다.

진화의 새로운 증거들

생물이 살아 있을 당시의 온전한 모습을 간직한 화석을 퇴적암에서 캐내는 것은 모래밭에서 바늘을 찾는 것처럼 어려운 일이지요. 많은 시간과 비용은 물론 행운도 따라야 하기 때문입니다. 하지만 생물학자들은 오랜 연구와 현장 조사를 통해 현생 조류 쪽보다는 두 발로 걸어 다니는 수각 공룡 쪽에 더 비슷한 생물종을 발견했고 수각 공룡보다 현생 조류에 더 가까운 생물종도 찾아냈지요. 즉 시조새의 양쪽을 잇는 중간 화석을 모두 캐낸 것입니다. 아쉽게도 월버포스는 이들 중간 화석들을 보지 못했지만 보았다 해도 아마 그는 이것으로 만족하지 못하고 오히려 중간 화석의 양쪽을 잇는 새로운 중간 화석 즉 중간의 중간 화석을 요구했을 것이 분명합니다.

헌신적인 연구자들 덕분에 중간 화석은 계속해서 발견되고 있습니다. 최근의 성과는 어류와 양서류를 잇는 중간 고리를 찾아낸 것인데요. 『내 안의 물고기』의 저자 닐 슈반은 북극의 한 섬에서 발이 달린 물고기 화석을 발견했습니다. 겉보기에 지느러미로 보이는 발을 가진 이 물고기는 초기의 육상 동물처럼 납작한 머리에 눈이 위쪽에 붙어 있고 어깨, 팔꿈치, 손목 관절을 가진, 한마디로 물고기답지 않은 물고기였죠. 틱타알릭이라고 이름 붙은 이 물고기는 어류에서 양서류로 즉 물에서 육지로 생명이 진화했다는 확실한 증거였는데요. 두개골과 어깨가 일련의 뼈들로 연결되어 있어 몸통을 돌리면 반드시 목까지 함께 돌아가는 물고기와는 달리 틱타알릭의 머리는 어깨와 떨어져 몸통과 따로 움직이고, 양쪽 배지느러미를 이용해 네발동물처럼 걸어다녔을 것으로 추정됩니다. 양서류와 파충류, 조류, 포유류 등이 공유하고 있는 이러한 골격 형태는 진화의 흐름 속에서 인간에게로 이어지고 있습니다. 틱타알릭 같은 물고기가 작은 뼈 몇 개를 잃어버린 덕분입니다. 골격만 본다면 우리 몸 안에 물고기가 있는 셈이지요.

진화의 새로운 증거는 화석이 아닌 다른 형태로 발견되기도 합니다. 조너선 와이너는 자신의 저서 『핀치의 부리』를 통해 갈라파고스 군도의 한 섬에서 수십 년간 핀치만을 연구하는 두 연구자를 소개했는데요. 1974년부터 핀치들을 매일 관찰해 온 피터 그랜트와 로즈메리 그랜트 부부는 아브라함은 이삭을 낳고 이삭은 야곱을 낳고 야곱은 유다와 그의 형제들을 낳았다는 성경의 한 구절처럼 수백 마리에 달하는 핀치들의 족보를 외우게 되었답니다. 그리고 역사적인 장면을 목격하게 되죠. 2009년 서로 종이 달라 교배가 불가능한 핀치들이 이종 교배를 해 새로운 종을 만들어 낸 것입니다. 말과 당나귀 사이에서 태어난 노새의 경우처럼 이종 교배로 태어난 새끼는 원래 불임이죠. 그러나 외부 환경의 강한 충격을 받으면 자손을 남기는 수도 있지요. 즉 새로 태어난 핀치들은 우연히 번식 능력을 갖게 되었고 다른 종과 섞이지 않은 채 오직 이종 교배로 태어난 핀치들하고만 교배를 해 알을 낳고 개체 수를 늘려 나갔습니다. 그리고는 몇 세대 만에 생물학적으로 새로운 종으로 볼 수 있을 만큼 생식적으로 격리된 새로운 개체군을 형성했습니다. 수십 년 동안의 집요한 관찰 덕분에 그랜트 부부는 새로운 종의 탄생 장면을 화석이 아닌 실시간 동영상으로 잡아낼 수 있었습니다. 다시 말해 그들은 종의 기원을 지켜본 것이지요.

세상은 기원전 4004년 10월 22일 아침 9시에 창조되었으며 우리가 보고 있는 모든 생물은 노아의 방주에 탈 수 있었던 행운아들의 자손이라고 믿는 창조론자들에게 새로운 종의 탄생이란 가당치도 않습니다. 이들이 보기에 모든 화석은 40일 동안 계속된 대홍수의 흔적이고 비슷한 골격 구조는 진화의 증거가 아니라 그냥 비슷하게 생긴 창조물일 뿐이며 따라서 종이 변해 가는 과도기의 증거인 중간 화석이란 애초부터 존재할 수 없죠. 그럼에도 불구하고 종교계가 끊임없이 중간 화석을 요구하는 이유는 과학적 검증을 위해서가 아니라 진화론을 허구로 몰기 위한 일종의 전략이지요. 즉 중간 화석 없는 진화론은 허구에 불과하다는 공식을 세워 놓고 진화론자를 벼랑 끝으로 몰기 위한 속셈인 것입니다.

결국 다윈은 중간 화석에 매달릴 수밖에 없었고 여러 해 동안 창조론자의 몽니에 시달려야 했지요. 이를 참다못한 다윈이 어느 날 "나의 사고방식에 반대하는 사람들이 야생의 개에서 그레이하운드나 불도그에 이르는 모든 중간형의 개들을 내게 보여 줄 수 있다면 나도 과도기적 형태의 화석을 보여 주겠다"라고 볼멘소리를 했다고도 하죠. 아무튼 중간 화석을 요구한 창조론자들의 전략은 어느 정도 성공한 것으로 보입니다. 다윈이 살아 있을 때 중간 화석은 쉽게 발굴되지 않았기 때문입니다.

다윈의 고민은 멘델의 후예들이 풀었습니다. 20세기 초 유전학자들이 생물의 번식 과정 중에 다양한 유전적 변이가 발생한다는 사실을 밝혀낸 것이죠. 대부분의 돌연변이는 환경에 적응하지 못합니다. 그러나 만약 생존 환경이 바뀐다면 돌연변이 중 일부는 살아남을 수 있지요. 다양한 돌연변이 중 새로운 환경에 적응한 개체가 생존해 번식에 성공하고 그 과정을 반복하면 새로운 종이 만들어질 수 있습니다.

만약 이러한 돌연변이들의 진화 과정이 화석을 충분히 남길 수 없을 만큼 개체 수가 적고 또 빠르게 진행된다면 결과적으로 중간 화석은 발견되기 어려울 수 있지요. 요컨대 돌연변이에 의한 종의 분화는 중간 화석이 왜 드물고 찾기 어려운지에 대한 설득력 있는 답변을 제시해 줍니다.

'지적 설계론' 논쟁

현대 종합 진화설에 따르면 진화는 시간에 따른 개체군의 유전자 풀gene pool의 변화를 의미합니다. 자연 선택은 유전자 풀에 변화를 주는 원동력이자 진화를 추동하는 대표적인 메커니즘이며 신이 아닌 자연의 손길이 변이를 선택하는 것을 의미합니다. 다윈은 이렇게 말했습니다. "자연 선택은 전 세계를 매시간 매일 샅샅이 탐지하며 가장 작은 변이까지도 찾아냅니다. 매정하지만 자연 선택은 언제 어디서나 환경에 적합한 생물을 선택해서 더 많이 번식시키고 환경에 적응하지 못하는 생물은 가차 없이 도태시킵니다."

자연 선택은 항생제를 복용하는 사람의 몸에서 항생제 내성이 없는 박테리아는 죽고 내성을 가진 박테리아는 선택받도록 작동합니다. 또 살충제를 살포하는 지역에서 살충제 내성을 가진 곤충을 남기기도 하지요. 이것은 슈퍼 박테리아가 생겨나고 DDT살충제의 일종에 죽지 않는 곤충이 만들어지는 메커니즘이기도 한데요. 서로 다른 핀치에서 새로운 핀치 종이 생겨나고 늑대에서 개가 나오는 원리는 누군가 초월적인 존재의 정밀한 의도나 설계에 의해서가 아니라 우연의 힘입니다.

이 사실을 입증한 실험이 있습니다. 생물학자인 리처드 렌스키는 오랜 기간의 대장균 실험으로 무수한 시행착오와 우연에 의해 새로운 종이 만들어진다는 사실을 증명했습니다. 렌스키는 1988년부터 그의 동료들과 함께 대장균을 12개의 개체군으로 나눠 키웠는데요. 20년이 넘는 동안 셀 수 없이 많은 변이가 생겼다 사라지기를 반복했는데 3만 3000세대 정도가 되자 한 개체군에서 갑자기 구연산염을 먹을 수 있는 대장균이 생겨났습니다. 구연산염은 대장균의 먹이가 아닙니다. 일반적으로 대장균은 구연산염을 에너지원으로 이용하지 못하기 때문에 포도당을 먹어야 하죠. 하지만 렌스키는 진화 실험을 위해 구연산염을 포도당과 함께 꾸준히 넣었습니다. 그리고 수많은 변이가 반복된 끝에 우연히 구연산염을 먹을 수 있는 새로운 대장균이 탄생한 것입니다. 요컨대 렌스키는 실험실에서 현재 진행형 진화를 보여 준 것이며 의도를 가진 누군가가 개입하지 않아도 유전자에 새로운 정보가 삽입될 수 있음을 입증한 것이지요.

시행착오와 우연의 힘은 상상 이상입니다. 그 힘으로 지구 상의 모든 생명을 탄생시켰죠. 물론 우연에 의해서가 아니라 정확한 의도를 가진 누군가가 생명을 만들었다고 주장하는 사람들은 언제든 있습니다. 1802년 성공회 신부였던 윌리엄 페일리는 자신의 논문 『자연신학』에서 다음과 같은 시계공의 예를 들었습니다.

"여러분이 풀밭을 걷다 우연히 시계를 발견했다고 가정해 봅시다. 대단히 정교한 톱니바퀴와 용수철로 조립된 시계가 누구의 것인지 알 수 없어도 풀밭에서 저절로 생겨나지 않았다는 사실은 분명하죠. 즉 시계는 제작자인 시계공이 있어야 합니다. 시계공은 시계의 용도를 잘 알고 있으며 그것에 알맞게 시계를 설계하고 제작한 것입니다. 그럼 시계보다 엄청나게 정교하고 복잡한 생명은 어떻게 태어날 수 있었을까요?"

페일리의 결론은 시계공이 시계를 설계하고 만들었듯 생물도 역시 의지를 가진 누군가 즉 절대자가 설계하고 만들었다는 것이죠. 설계자 없는 설계는 없다는 말입니다. 창조론을 옹호하는 페일리의 이런 주장을 '지적 설계론'이라고 부릅니다.

이런 주장에 대해 『이기적 유전자』로 잘 알려진 생물학자 리처드 도킨스는 '눈먼 시계공'으로 응수했습니다. 그는 "수리점에 시계를 맡겼는데 수리공의 눈이 멀었다면 시계를 제대로 수리할 수 있을까?"라고 묻습니다. 그런데 놀랍게도 도킨스의 대답은 "그렇다"입니다. 그는 모든 생명체가 숙련된 시계공이 설계도를 보며 수리한 것처럼 보이지만 실제로는 앞을 보지 못하는 눈먼 시계공이 고쳐 보려고 애쓰는 과정에서 무수한 시행착오를 거듭하다 우연히 재깍거리며 작동하는 시계를 만들게 된 것이라고 주장합니다. 또한 도킨스는 생명을 설계하고 창조한 시계공이 있다면 그것은 바로 자연 선택이며 자연 선택이야말로 계획이나 의도 따위를 갖지 않는 눈먼 시계공이라고 반박합니다.

척추동물인 사람의 눈은 어떤 카메라도 따라오지 못할 정도로 정교합니다. 그러나 단점이 있지요. 망막에 구멍이 있어 그 부분만큼은

상이 맺히지 않습니다. 이른바 맹점인데요. 구멍이 난 이유는 시신경이 망막 앞쪽에 있기 때문에 시신경 다발을 뇌와 연결하기 위해 망막에 구멍을 뚫고 나간 것입니다. 반면 무척추동물인 오징어나 문어의 눈은 사람의 눈과 흡사하지만 맹점이 없습니다. 시신경이 망막 뒤로 지나가기 때문이지요. 맹점은 핸드폰 화면에 구멍을 내고 전선을 그 속으로 집어넣은 것과 같습니다. 상식 있는 설계자라면 이런 잘못된 설계도를 쓰레기통에 던져 버리고 처음부터 다시 디자인하겠지요. 하지만 진화가 선택한 방식은 일단 땜질하는 것 즉 망막에 구멍 뚫기였답니다. 그 결과 사람 눈의 구조는 오징어나 문어보다 못하게 되었지요.

신이 자신의 형상을 본떠 빚었다는 사람이 알고 보니 불완전한 설계의 결과물인 셈입니다. 완벽한 절대자의 잘못된 설계는 신의 부재를 증명하죠. 진화에는 설계자가 없습니다. 진화의 메커니즘은 정교한 기관을 만들어 낼 수 있지만 완벽함과는 거리가 멉니다. 지금 당장 쓸모가 있다면 망막에 구멍이라도 뚫는 것이 바로 자연 선택의 작동 방식이라고 할 수 있지요.

창조론을 진화론과 대등하게 놓으려는 시도가 끊이지 않고 있습니다. 과거에 창조론자들은 과학 교과 시간에 창조론을 진화론과 함께 가르치라는 헌법 소원을 낸 적이 있습니다. 이들은 시조새를 과학 교과서에서 빼라고 요구하기도 했는데요. 시조새가 수각 공룡에서 현생 조류로 이어지는 중간 종이 아니라는 이유였죠. 사실 시조새는 수각 공룡의 후예로서 멸종된 원시 조류가 맞죠. 현생 조류는 또 다른 원시 조류의 후예입니다. 시조새가 현생 조류의 조상이 아님에도 불구하고 교과서에서 삭제하지 않았던 이유는 진화 과정에서 일어나는 풍부한 다양성 즉 원시 조류의 다양성을 시조새가 증명하기 때문입니다.

하지만 2012년 이명박 정부는 창조론자들의 압력에 쉽게 굴복해 교과서 개정을 추진했고 생각이 짧은 일부 출판사는 시조새 항목을 아예 삭제하는 결정을 내리기도 했지요. 이 소식은 세계적인 과학 학술지 〈네이처〉에도 소개되어 과학 한국의 위상에 큰 상처를 남겼지요.

종교와 과학을 구분하지 못하고 성경의 창세기를 문자 그대로 해석하는 창조론은 잘못된 믿음일 뿐입니다. 창조론과 진화론은 서로 비교할 수 있는 대상이 아니기 때문에 이들 두 단어 사이에 어떤 가설이나 이론도 존재할 수 없습니다. 창조론을 과학으로 둔갑시킨 창조 과학은 과학이 아닙니다. 그저 과학 너머에 존재하는 유사 과학, 사이비 과학일 뿐이죠.

진화 생물학자 도브잔스키는 진화론의 관점에서 보지 않으면 생물학의 그 어떤 부분도 의미가 없다고 말했습니다. 물론 창조론이 아니고서는 생명은 생기지도 생겨나서도 안 된다고 믿는 창조론자에게 진화론은 망상이며 허구에 불과할 것입니다. 하지만 세상의 모든 생명에 깃들어 있는 진화의 톱니바퀴는 창조론자의 삶에서조차 매 순간 정확히 작동할 것입니다. 창조론자가 원하든 원하지 않든 생명은 진화해 왔으며 앞으로도 진화할 것이기 때문입니다.

2

이기적 유전자는 이기적인가?

이기적 유전자의 이타적 행동

여러분은 모두 이기적 유전자를 지니고 있습니다. 『이기적 유전자』의 저자 리처드 도킨스의 표현에 따르면 우리는 모두 이기적으로 태어났지요. 물론 여기서 '이기적'은 유전자가 이기적이라는 뜻이지 여러분이 이기적이라는 의미는 아닙니다. 사실 유전자는 우리가 이기적이든 이타적이든 관심이 없답니다. 도킨스는 더 나아가 유전자의 이기적 속성이 우리를 이기적으로 혹은 이타적으로 보이게 만들 수 있다고 주장합니다.

북극곰을 예로 들어 볼까요? 엄마 북극곰은 모성애가 무척 강한데 먹이를 구하면 자기는 굶더라도 새끼를 먼저 먹인다고 합니다. 엄마 북극곰의 입장에서 이런 행동은 자신의 생존 능력을 떨어뜨릴 수 있지요. 그러나 아기 북극곰의 생존 능력을 높여 주기에 이타적입니다.

한편 엄마 북극곰의 유전자 입장에서 보면 아기 북극곰은 엄마 북극곰의 유전자를 절반이나 갖고 있는 또 하나의 개체이기 때문에 유전자를 계속 전하고 퍼지게 하는 방법은 엄마 북극곰을 희생시켜서라도 새끼를 잘 키우는 것입니다. 기왕이면 새끼를 빨리 독립시키고 또 다른 새끼를 낳아 기르는 것이죠. 이렇게 하면 엄마 북극곰의 유전자 서열을 공유한 복제본이 많아지기 때문에 유전자 입장에서 더 이득이라고 할 수 있지요.

결국 엄마 북극곰의 입장에서 이타적 행동이었던 것이 유전자 쪽에서는 이기적 행동으로 해석됩니다. 이타적 행동의 껍질 안에 유전자 복제라는 이기적인 목적이 놓여 있다는 거죠. 도킨스가 보기에 우리의 몸은 유전자를 둘러싼 껍데기에 불과합니다. 유전자의 명령을 받아 움직이는 로봇이고 유전자를 후대에 전해 주는 운반체일 뿐이라는 겁니다.

이기적 유전자의 눈높이에서 보면 북극곰이든 사람이든 유전자를 복제하도록 미리 프로그래밍된 복제 기계에 불과합니다. 유전자 입장에서는 복제보다 중요한 것이 없지요. 생존과 번식을 위해 이기적 행동을 택하든 협력을 택하든 유전자는 개의치 않습니다. 이기적 유전자가 관심 있어 하는 것은 오직 복제 가능성이지요. 자신의 유전자

엄마 북극곰은 모성애가 무척 강한데 먹이를 구하면 자기는 굶더라도 새끼를 먼저 먹인다고 합니다. 엄마 북극곰의 입장에서 이런 행동은 자신의 생존 능력을 떨어뜨릴 수 있지요. 그러나 아기 북극곰의 생존 능력을 높여 주기에 이타적입니다.

서열을 복제하고 널리 퍼뜨릴 수만 있다면 이기적 행동도 마다하지 않고 반대로 헌신적인 이타적 행동도 피하지 않을 것입니다. 유전자에게 중요한 것은 과정이 아니라 결과입니다.

이와 관련한 홀데인의 선술집 일화는 사람의 행동이 유전자 수준에서 어떻게 이해될 수 있는지 잘 보여 주는데요. 유전학자이자 진화생물학자였던 홀데인이 어느 날 근무하던 대학교 앞 선술집에서, 물에 빠진 사람을 목숨 걸고 구할 수 있냐는 누군가의 질문에 잠시 계산을 하더니 이렇게 대답했다고 합니다. "형제 두 명이나 사촌 여덟 명을 건져 낼 수 있다면 내 목숨을 걸겠다."

이게 무슨 말이냐고요? 홀데인이 말한 형제 두 명이란 형제 두 명 분의 유전자를 의미합니다. 즉 같은 부모를 둔 형제는 유전자의 50 퍼센트를 공유하기 때문에 두 명분의 유전자를 합치면 100퍼센트가 되어 홀데인이 지닌 유전자와 같아지니 유전자 입장에서는 목숨을 바쳐 구할 만한 가치가 있다는 뜻이죠.

잠시 계산 과정을 들여다볼까요? 사람의 세포는 체세포와 생식 세 포로 나누어지는데 체세포의 염색체는 46개입니다. 반면 생식 세포 인 난자와 정자의 염색체는 그 절반인 23개죠. 난자와 정자가 결합해 하나의 수정란이 되면 다시 46개가 됩니다.

즉 우리는 엄마로부터 23개 아빠로부터 23개의 염색체를 받아옵 니다. 엄마 아빠로부터 염색체를 절반씩 받아 온다는 사실은 유전자 또한 절반씩만 받아 온다는 것을 의미하죠. 예컨대 A라는 가상의 유 전자를 내가 엄마로부터 받아 올 확률은 50퍼센트가 됩니다. 그것은 나의 형제자매도 마찬가지죠. 다시 말해 내게 있는 A라는 가상의 유 전자가 나의 형제자매에게도 있을 확률 즉 유전자를 공유할 확률은 50퍼센트가 되죠. 다른 유전자도 마찬가지입니다. 즉 두 명의 형제자 매가 가진 유전자를 합치면 50퍼센트 + 50퍼센트 = 100퍼센트가 되 죠. 그러니 비록 내가 형제를 구하다 죽는다 해도 유전자의 입장에서 는 크게 서운할 것이 없습니다.

사촌과 내가 공유한 유전자의 비율도 같은 방식으로 계산할 수 있 지요. 우리집 가계도를 그려 보면 나부터 시작해서 사촌까지 이어지 는 나-아버지-삼촌-사촌의 관계가 보이는데요. 이것을 나-아버지,

아버지-삼촌, 삼촌-사촌의 세 부분으로 쪼개 보면 각각이 서로 50퍼센트의 유전자를 공유함을 알 수 있지요. 즉 나 자신과 아버지는 50퍼센트의 유전자를 공유하고 아버지와 삼촌도 그렇고 삼촌과 사촌도 마찬가지입니다. 따라서 내가 사촌 한 명과 유전자를 공유할 확률은 50퍼센트×50퍼센트×50퍼센트 = $1/2 \times 1/2 \times 1/2 = 1/8$ 즉 12.5퍼센트가 됩니다. 다시 말해 사촌 여덟 명분의 유전자는 12.5퍼센트 × 8 = 100퍼센트가 됩니다.

그렇다면 유전자 입장에서는 사촌을 여덟 명 이상 구한다면 손해 보는 장사가 아닌 셈이 됩니다. 마찬가지로 형제 한 명을 구할 때는 손해지만 두 명 이상을 구한다면 물 속으로 뛰어들 만한 것이죠. 사촌 여덟 명이나 형제 두 명이 살아남아 유전자를 퍼뜨리면 되니까 말입니다. 다시 말해 겉보기에 이타적으로 보이는 자기희생도 알고 보면 이기적 유전자가 열심히 계산기를 두드린 결과라는 것입니다.

홀데인이 계산에 사용했던 개념을 유전적 근연도라고 부릅니다. 유전적 근연도란 두 개체가 동일한 유전자를 공유할 확률인데요. 위에서 알아본 것처럼 우리는 모두 엄마 아빠와 50퍼센트의 유전자를 공유하기 때문에 부모와 자식 간의 유전적 근연도는 50퍼센트가 되죠. 형제자매 간의 유전적 근연도 역시 50퍼센트이며 삼촌과는 25퍼센트, 사촌과는 12.5퍼센트가 됩니다.

유전적 근연도는 가족이나 친척 사이에 이타적 행동이 흔한 이유를 잘 설명해 주죠. 하지만 아쉽게도 유전적 근연도로 설명이 가능한 지점은 딱 여기까지입니다. 공동 조상을 갖는 관계가 아니라면 즉 핏

줄로 이어진 관계가 아니라면 유전적 근연도는 무용지물이거든요. 하지만 혈연관계가 아니어도 이타적 행동은 자연계에서 그리고 우리 주위에서 손쉽게 발견할 수 있지요.

예컨대 흡혈박쥐는 피를 나눠 주는 습성을 갖고 있습니다. 흡혈박쥐는 사냥에 성공하면 이틀 동안 생존할 수 있지요. 하지만 이틀 연거푸 사냥에 실패해 삼일을 굶으면 생명이 위태로워집니다. 이때 사냥에 성공한 흡혈박쥐가 피를 나눠 줍니다. 이 피는 혈연관계의 흡혈박쥐뿐만 아니라 오랫동안 가까운 자리에서 함께 매달렸던 흡혈박쥐에게도 나눠 준다고 합니다. 피를 받아먹은 흡혈박쥐는 상대 흡혈박쥐를 잘 기억해 두었다가 그 흡혈박쥐가 사냥에 실패하면 피로써 갚는데요. 이러한 행동은 이들의 수명을 연장시켜 준다고 합니다. 피를 빨지 못하고 돌아오는 확률에 근거한 흡혈박쥐의 예상 수명은 3년을 넘지 않지요. 그러나 피를 나눠 먹는 이타적 행동은 흡혈박쥐가 야생에서 15년 이상 살아갈 수 있게 해 줍니다.

흡혈박쥐의 사례에서 보았듯이 같은 핏줄이 아니어도 이타적 행동을 서로 제공하는 까닭은 이기적인 행동만으로는 생존과 번식이 불가능하기 때문입니다. 하지만 자신의 이익을 앞세운다고 알려진 이기적 유전자의 속성을 생각한다면 이런 행동은 왠지 모순처럼 보이죠. 따라서 친족이 아닌 집단에서 협력의 메커니즘이 안정적으로 진화한 이유를 밝혀내는 것은 생물학의 중요한 과제가 되었습니다.

협력과 배신의 딜레마

이와 관련해서 가장 많은 지지를 얻고 있는 해석은 진화 생물학자 윌리엄 해밀턴과 정치학자 로버트 액설로드의 공동 논문인 「협력의 진화」에서 제시되었습니다. 그들은 유명한 게임 이론인 '죄수의 딜레마'를 이용해 이타적 행동이 친족이 아닌 집단에서 어떻게 진화할 수 있는지 간단하지만 설득력 있게 설명했답니다. 죄수의 딜레마는 두 명의 용의자가 경찰에 붙잡히면서 시작됩니다.

검사는 고민합니다. 용의자 둘은 범인이 확실했지만 심증만 있을 뿐 물증이 없기 때문입니다. 둘의 범행을 입증하려면 자백을 받는 수밖에 없지요. 검사는 묘안을 짜냅니다. 검사는 각자 다른 방에 갇혀 있는 공범을 따로따로 불러낸 후 형량을 타협합니다. 만약 혼자만 자백하면 풀어 주지만 둘 다 자백하면 5년 형, 둘 다 자백하지 않으면 6개월 형에 처하겠다고 말하는 거죠. 그리곤 혼자만 자백하지 않으면 10년 형에 처넣겠다고 위협합니다. 상대방이 무슨 생각을 하는지 알 길이 없는 두 공범은 자신에게 최선의 선택이 무엇인지 고민을 시작합니다.

만약 상대방이 자백한다고 가정할 때, 나도 자백하면 5년 형이지만 자백하지 않으면 내가 10년 형을 받기 때문에 자백하는 편이 낫겠지요. 이번에는 반대로 상대방이 자백하지 않는다고 가정할 때, 나도 자백하지 않으면 6개월 형이지만 내가 자백하면 곧바로 풀려날 수 있죠. 이 경우에도 자백하는 편이 낫습니다. 즉 상대방이 어떤 선택을 하든 나의 선택은 자백이 될 수밖에 없지요. 물론 자백은 배신행위지만 상대방의 생각을 모르기 때문에 이 경우에 자백은 각자에게 최선의 선택일 수밖에 없습니다. 결과적으로 두 공범은 모두 자백을 하고 5년 형을 선고받습니다. 10년 형이라는 최악의 상황은 피했지만 묵비권을 행사해 형량을 6개월로 낮출 기회를 날려 버린 것이죠.

죄수의 딜레마는 자신에게 가장 합리적인 선택이 같은 상황에 처한 상대방의 선택과 맞물릴 때 오히려 나쁜 결과를 가져올 수 있다는 것을 보여 줍니다. 달리 말해 죄수의 딜레마는 자신의 이익에 충실한 이기적 개체들이 배신의 유혹을 뿌리치지 못하기 때문에 협력은 사실상 어렵다는 것을 보여 주고 있죠.

죄수의 딜레마 게임은 여기서 끝이 아닙니다. 게임을 한 번이 아니라 반복 실시하면 결과는 사뭇 달라지기 때문이죠. 자기만 살겠다고 배신을 일삼는 죄수들은 도태가 되는 반면 협력을 추구하는 죄수들이 좋은 성과를 올리게 됩니다. 액설로드는 죄수들을 각각의 컴퓨터 프로그램으로 대신하고 형량을 점수로 바꿔 죄수들의 딜레마 게임을 반복해 보았습니다. 게임 규칙은 상대방 프로그램을 배신하면 가장 큰 점수인 5점, 프로그램끼리 서로 협력 카드를 내면 중간 점수인 3점, 둘 다 배신 카드를 내면 이보다 낮은 점수인 1점, 상대방에게 배신당하면 가장 낮은 점수인 0점을 받는 식이었습니다.

실험 결과 액설로드는 팃포탯^{Tit-for-Tat}이라고 하는 아주 단순한 프로그램이 가장 안정적이라는 것을 발견했습니다. 팃포탯의 전략은 간단합니다. 처음엔 무조건 협력하되 이후에는 상대방의 카드를 순진하게 따라 하는 것이 전략의 전부죠. 예컨대 팃포탯은 처음에 무조건 협력 카드를 내기 때문에 협력 카드를 내는 다른 프로그램과 함께 3점을 얻습니다. 반대로 배신 카드를 내는 프로그램을 만나면 상대방은 5점을 얻고 팃포탯은 0점을 받지요. 이때 팃포탯은 배신한 프로그램을 기억해 두었다가 다음에 만나면 배신 카드를 던져 반드시 보복합니다. 이것은 마치 배신자를 응징하는 것처럼 보이지만 사실은 상대방이 이전에 제시한 카드를 그대로 따라 한 것에 불과하지요. 이후에도 팃포탯은 계속 상대방이 낸 카드를 그대로 따라 합니다. 너무 간단해 알고리즘을 고민할 필요가 없는 정말 단순한 전략입니다.

액설로드는 팃포탯의 가능성을 확인하고자 전략 시뮬레이션 대회를 열고 이 분야의 세계적인 게임 이론 전문가들에게 선수로 참가할 프로그램을 보내 달라고 요청했습니다. 그 결과 고도의 전략을 담은 프로그램들이 제출되었지만 팃포탯이 월등한 점수차로 우승을 차지했습니다. 더 놀라운 것은 이들이 팃포탯의 참가를 알고 있었다는 사실이지요. 그들은 미리 공개된 팃포탯의 전략을 알고 있었지만 팃포탯을 결코 이길 수 없었습니다.

협력의 진화

액설로드는 이후에도 연구를 계속해 진화적으로 안정한 전략이 무엇인지 알아내고자 노력했습니다. 그러기 위해 게임 횟수를 세대

수로 바꾸고 점수는 자손의 수로 환산한 뒤 게임을 충분히 반복하여 진화적 시간에 버금가게 했습니다. 이 연구에서도 팃포탯은 진화적으로 가장 안정적인 프로그램으로 드러났습니다.

우리가 주목해야 하는 것은 팃포탯이 이길 수밖에 없었던 협력의 전략만이 아닙니다. 협력의 메커니즘을 가동시킨 '만남의 가능성'도 눈여겨봐야 하죠. 이 재회의 가능성은 이번이 끝이 아니라는 강한 암시입니다. 장기적으로 미래를 내다볼 때 배신의 유혹을 이겨내고 협력을 선택하는 것입니다.

예를 들어 핏줄로 얽힌 집단은 함께 모여 사는 경우가 많습니다. 따라서 서로 접촉하고 협력할 기회도 많다고 볼 수 있지요. 이런 집단에서 배신은 꿈도 꾸기 어렵죠. 배신자라는 평판을 얻으면 다음에 도움을 받기 어렵기 때문이지요. 이것은 친족 집단만의 이야기가 아닙니다. 혈연관계가 아니더라도 또 만날 가능성이 있다면 집단 내부에서 협력은 필연적으로 발생하게 됩니다. 심지어 배신자로만 구성된 집단에서도 협력은 싹을 틔울 수 있답니다. 처음에는 배신을 당하겠지만 한번 협력자가 생기면 결국 이들이 그 집단을 지배하게 되는 것입니다.

한 번의 협력으로 얻는 이득은 배신의 대가보다 적지만 반복적인 협력으로 얻는 이득은 눈덩이처럼 불어나 배신을 압도하게 되죠. 친족 집단이든 아니든 상호 협력의 이타적 행동이 발생하는 이유는 바로 협력의 효과 때문이지요. 바로 생존과 번식 상의 이득 즉 유전자 복제 가능성을 높이는 것입니다.

물론 유전자의 성공이 반드시 개체의 성공으로 이어지는 것은 아닙니다. 인간은 유전자 복제 측면에서 가장 성공한 포유류 중 하나입니다. 지구 역사상 최상위 포식자가 이토록 많았던 적은 처음이라고 하니 말이죠. 하지만 인간은 육지와 바다, 대기에 걸쳐 모든 생물의 서식지를 오염시키며 파괴하고 지구 온난화를 가속화시켜 스스로 목줄을 죄고 있습니다.

서식지를 포함한 환경 자원은 모두의 것이지만 그 누구의 것도 아닙니다. 모두가 공유하지만 아무도 책임지지 않습니다. 이른바 '공유지의 비극'은 자신의 이익을 위해 공유지를 최대한 이용하는 것에서 비롯됩니다. 누구의 소유도 아닌 풀밭에 너도나도 양을 풀어놓다 보면 풀밭은 금새 초토화되고 아무도 양을 키울 수 없게 되는 거지요. 하지만 아무도 나가지 않죠. 먼저 와서 양을 먹인 목동더러 이제 충분하니 나가 달라고 해 봐야 소귀에 경 읽기죠. 늦게 왔으니 먼저 왔던 목동만큼 풀을 먹이겠다는 주장 또한 답이 없기는 마찬가지입니다. 이대로라면 공유지는 폐허가 되고 목동들은 공멸할 것입니다.

2017년 6월 미국 정부는 파리 기후 변화 협정에서 탈퇴했습니다. 파리 협약이라고도 불리는 이 협정의 목표는 지구 평균 기온이 산업혁명 이전보다 2도 이상 올라가지 않도록 억제하는 것인데요. 인류의 생사가 달린 문제인 만큼 우리나라는 물론 북한을 포함한 세계 절대다수의 국가가 협약을 이행 중이지요. 그러나 세계 탄소 배출량의 15퍼센트를 차지하는 미국이 동참하지 않고 있어 목표 달성이 어려운 상황입니다. 학자들은 골든 타임을 놓칠 수도 있다고 경고합니다.

자국의 이익만을 앞세운 미국 정부의 이기적인 전략이 인류를 나락으로 몰아가는 셈입니다.

팃포탯의 예에서 살펴보았듯이 이타적 개체는 이기적 개체를 단한 번도 이기지 못합니다. 기껏해야 비길 뿐이지요. 그러나 이타적 개체는 다른 협력자와 힘을 모아 이기적 개체를 억제하고 힘의 균형을 맞추며 이타적 집단을 확장시켜 나갑니다. 이것이 팃포탯의 성공 전략이며 공유지의 비극을 막는 해결책이기도 합니다. 즉 협력이 서로의 이득으로 연결되는 공동의 자치와 질서를 구축해 이기적 개체가 득세하지 못하도록 막는 것이죠. 이것은 다수의 협력으로 이기적 개체의 변화를 촉구하는 것인데요. 미국 정부가 공유지의 비극을 외면한 채 '아메리카 퍼스트'를 외치고 있지만 공멸을 막으려는 전 세계 시민들이 그런 상황을 오래 놔두지 않을 것입니다. 새로운 균형을 맞추기 위해 그들은 이타적인 협력을 시도할 것입니다.

인간을 포함한 다세포 동물은 단세포 생물로부터 진화할 때 필연적으로 대두된 세포와 세포 간의 협력 문제를 해결했습니다. 흡혈박쥐가 그렇듯 인간 또한 살아 있는 협력의 증거입니다. 인간의 뇌는 비록 이기적 유전자의 자기장을 벗어나지 못한다 해도 그 영향력을 약화시킬 만큼 충분히 독립적인 협력의 메커니즘을 발전시켜 왔습니다. 이기적 유전자가 자기 복제를 위해 발명한 협력의 메커니즘이 이기적 유전자의 중력을 거스르는 날개로 돋아난 것입니다.

3

생물들은 어떻게
공생하는가?

포식자와 피식자의 '군비 경쟁'

병원 같은 의료 시설에서는 항생제를 많이 사용합니다. 여기에 노출된 박테리아는 대부분 죽지만 내성이 있는 일부는 죽지 않죠. 살아남은 박테리아는 자신의 항생제 내성 유전자를 주위에 전파합니다. 대장염을 일으키는 박테리아인 클로스트리듐 디피실도 그중 하나인데 항생제를 투여해 다른 박테리아가 박멸된 환자의 대장 안에서 끝까지 살아남아 증식하죠. 때에 따라서는 최후의 항생제라 불리는 반코마이신에도 저항하기 때문에 환자를 절망적인 상태로 몰아갈 수 있습니다.

파스퇴르가 저온 살균법으로 박테리아를 효과적으로 죽이는 기술을 개발한 이후 박테리아는 곧 병원균이라는 인식이 퍼졌고 박멸의 대상이 되었지요. 옛날 어떤 수도원장이 신자와 이단자를 어떻게 구별하느냐는 십자군 병사의 질문에 "모조리 죽여라. 신은 제 백성을 알아보실 것이다"라고 답했던 것처럼 항생제는 박테리아를 가차 없이 박멸했습니다. 항생제는 특히 공장식 축산과 의료 부문에서 무분별하고 광범위하게 활용되었으며 심지어 감염을 예방하는 차원에서 남용되기도 했는데요. 그 결과 항생제에 죽지 않는 슈퍼 박테리아의 탄생이라는 역설적인 상황이 발생하게 되었습니다.

생물이 다른 생물을 의도적으로 박멸하는 것은 인류가 나타나기 이전엔 볼 수 없었던 현상입니다. 지구 생물종의 90퍼센트 이상이 멸종되었던 고생대 페름기 대멸종조차 전 지구적 환경 변화에 따른 멸종 즉 비생물적 요인에 의한 것이었지 특정 생물에 의한 것이 아니었지요.

인류에게 있어 박멸이란 다른 생물에 가하는 무차별적 폭력이며 멸족의 방식인데요. 인간은 자신의 능력을 과시하기 위해 매머드의 씨를 말렸고 화려한 모피를 얻기 위해 마지막 남은 파란영양 한 마리의 가죽을 벗겼으며 지평선 너머까지 들판을 메우고 있던 이름 모를 풀들을 농사의 시작과 함께 제거해 왔습니다.

박멸은 관계를 맺는 방식이 전혀 아닙니다. 지구 상의 생물들 절대다수는 박멸이 아닌 포식과 피식의 관계로 이어져 있지요. 하지만 포

양과 풀 간의 보이지 않는 경쟁은 늘 있어 왔지요. 풀은 초식 동물이 자신의 일부를 뜯어먹어도 죽지 않는 강한 수비력을 가졌지요.

식은 순수한 제거를 의미하지 않지요. 초식도 마찬가지입니다. 포식처럼 피식자를 죽이는 것은 아니지만 이것 또한 먹고 먹히는 관계일 뿐 박멸은 아닌 거죠. 예컨대 양은 풀을 뜯지만 풀 자체를 깨끗하게 제거하지는 않죠. 새로 돋아날 만치 풀을 남겨 두고 자리를 뜨는 것이 양의 일반적인 방식입니다. 풀이 사라지면 양도 사라지기 때문입니다.

물론 양이 이런 사실을 알고 계획적으로 풀을 먹거나 풀이 여기에 맞춰 자라나는 것은 아니겠죠. 하지만 풀을 더 먹으려는 양의 공격 전략과 덜 먹히려는 풀의 수비 전략이 서로 맞붙고 있는 것은 사실입니다. 즉 양과 풀 간의 보이지 않는 경쟁은 늘 있어 왔지요. 풀은 초식 동물이 자신의 일부를 뜯어먹어도 죽지 않는 강한 수비력을 가졌습니다. 또한 이파리나 줄기, 열매, 씨앗에 쓴 맛을 내는 성분, 감각을 마비시키는 성분 혹은 독 성분을 품기도 하고 가시도 만들어 내면서 먹히지 않으려 진화해 왔지요. 반면에 양을 비롯한 대부분의 초식 동물들은 모든 풀을 먹을 수 있도록 힘들게 진화하는 대신 특정한 풀의 방어벽을 뚫는 전략을 갖춰 왔습니다.

이런 경쟁 관계는 캘리포니아영원과 가터뱀의 사례에서 더욱 도드라져 보이는데요. 캘리포니아영원은 도룡뇽과 비슷한 양서류인데 사람을 여럿 죽일 수 있을 만큼 강한 독을 가졌지만 일부 가터뱀에게는 별다른 피해를 주지 못합니다. 캘리포니아영원이 독을 만들면 가터뱀은 이를 해독하고 이에 맞서 캘리포니아영원이 더 맹렬한 독을 만들어 내면 가터뱀은 이것을 또다시 해독해 내는 식으로 서로 경쟁적으로 진화해 왔기 때문이지요. 이러한 포식자 가터뱀과 피식자 캘리포니아영원의 쫓고 쫓기는 경쟁을 2차 세계대전 이후 냉전 시대에 소련과 미국이 군비를 경쟁적으로 확충한 것에 빗대어 '군비 경쟁'이라고 부르기도 합니다.

포식자-피식자 간의 '군비 경쟁'의 역사는 생명의 역사만큼이나 오래된 관계입니다. 화학적으로 자가 증식이 가능한 최초의 생명체까지 거슬러 올라가기 때문인데요. 화학 물질에 가까웠던 이들 원시 생명체는 원시 바다의 풍부한 자원을 바탕으로 복제와 증식을 이어 갔을 겁니다. 원시 바다를 빠르게 채워 가던 원시 생명체들은 영양 물질이 점차 고갈되면서 생존 경쟁에 내몰렸고 이 때문에 서로 먹고 먹히는 포식과 피식 관계가 처음으로 발생했을 것으로 봅니다.

다세포 생물에게 생긴 최초의 눈은 포식과 피식의 '군비 경쟁'에 불을 당겼는데요. 안점이라고 하는 이 원시적인 눈은 유글레나 같은 조류algae에게서 처음으로 출현했는데 포식자의 형체는 알아보지 못하지만 밝고 어두운 정도 즉 명암은 구분할 수 있었기 때문에 포식자가 접근하는 것을 알아챘을 것입니다. 고생대 캄브리아기 생물인 오파비니아는 무려 다섯 개의 눈을 가졌는데 포식자의 눈을 피해 다니며 먹이를 찾을 때 무척 유리했을 겁니다. 포식자는 포식자 나름대로 도망 다니는 피식자를 찾아내기 위해 눈의 성능을 높였을 겁니다. 일단 출현한 눈은 포식자나 피식자 모두에게 커다란 이점을 제공했기 때문에 경쟁적으로 진화했습니다.

생물종의 공생 전략

경쟁의 역사가 오래된 만큼 공생의 역사 또한 깁니다. 이것은 위에서 살펴본 포식 행위에서 나왔습니다. 미국의 생물학자 린 마굴리스는 1970년에 세포 내 소기관인 미토콘드리아와 엽록체가 먼 옛날에는 독립적으로 살아가던 원핵생물이었다는 충격적인 내용의 논문을 발표했는데요. 핵이 없는 작은 원핵생물을 핵을 가진 큰 진핵생물이 잡아먹었는데 그중에 소화가 안 된 원핵생물이 진핵생물 안에서 공생을 시작했다는 '세포 내 공생설'이 바로 그것입니다. 즉 미토콘드리아로 변신한 원핵생물은 진핵 세포에 에너지를 공급하고 대신 진핵 세포는 원핵생물에게 양분과 서식지를 제공하는 완벽한 공생 시스템을 갖추게 되었다는 것이죠. 마굴리스의 이러한 파격적인 주장을 당시 과학계는 오랫동안 허튼소리로 취급했으나 광합성을 하는 작은 조류를 포식한 푸른민달팽이가 광합성으로 에너지를 얻고 심지어 이 같은 형질이 자손에게 유전되는 것이 발견되는 등 이를 뒷받침하는 많은 증거가 있어 지금은 흔들리지 않는 정설이 되었답니다.

공생은 아마 얕은 바다에서 시작되었을 것입니다. 지금도 산호와 와편모조류는 얕은 바다의 산호초에서 공생을 하죠. 바다의 열대 우림이라 불리는 산호초는 이들의 공생이 낳은 작품입니다. 돌나무처럼 생긴 산호초는 말미잘과 비슷하게 생긴 아주 작은 동물인 산호가 죽어 단단하게 굳은 것이지요. 산호와 와편모조류는 서로에게 이익을 주는 상리 공생을 하는데요. 광합성을 할 수 없는 산호를 대신해 와편모조류가 광합성을 하여 유기물을 산호에게 건네주면 산호는 천적을 막을 수 있는 단단한 돌집과 광합성에 필요한 이산화탄소를 와편모조류에게 제공하는 것이죠.

산호초 주위에는 공생하는 동물이 또 있습니다. 말미잘과 흰동가리가 그렇죠. 말미잘의 촉수에 있는 독은 매우 위험하지만 흰동가리의 피부에는 점액질의 보호막이 있어 촉수에 파묻혀 지내도 아무렇지 않지요. 흰동가리에게 말미잘의 촉수는 전기 철조망처럼 포식자로부터 자신을 지켜 주는 안전한 보안 시설인 셈입니다. 물론 흰동가리가 말미잘에게 신세만 지는 것은 아니지요. 흰동가리는 미끼가 되어 사냥감을 유인함으로써 말미잘에게 먹이를 제공한답니다.

얕은 바다에서 시작된 공생은 그 범위를 넓혀 아무런 생명이 없던 황량한 육지를 생물 다양성이 폭발하는 기름진 대지로 탈바꿈시켰습니다. 6억 년 전 바다에서 올라온 균류와 조류가 함께 붙어살면서 산성 물질로 바위를 녹이고 부드러운 흙을 만들어 낸 것이죠. 특정 종류의 균류와 조류가 함께 붙어사는 것을 지의류라고 하는데요. 지의류는 바위나 나무에 낀 이끼처럼 보이지만 사실 이끼가 아닙니다. 제주도나 울릉도와 같은 화산섬이 생태계의 보고로 탈바꿈할 때에도 지의류가 커다란 역할을 했답니다. 지의류는 보통 자외선에 약한 조류를 보호하기 위해 바깥쪽에 균류가 자리 잡고 안쪽에는 광합성을 하는 조류가 바위에 붙는데요. 최근에는 지의류 가장 바깥쪽 표면에 균류 대신 효모가 자리 잡은 종류가 발견되기도 했지요.

균류와 조류 그리고 효모가 공생하는 지의류가 지구를 푸른 별로 만드는 토대 즉 흙을 제공했다면 균근은 흙 속에서 식물의 뿌리와 공생하며 푸른 별을 디자인했지요. 4억 5000만 년 전 육지로 올라온 최초의 식물은 균근이라 불리는 곰팡이와 공생했는데요. 허허벌판 육지는 아직 식물이 뿌리 내리기에 적합하지 않았기 때문에 균근과의 공생은 생존을 위한 유일한 방법이었죠. 균근은 식물에게 필요한 무기염류 즉 인산과 같은 양분을 흡수해 뿌리에 제공하고 대신 식물이 광합성해서 만든 당분 등을 받아먹었지요. 균근은 뿌리 속이나 표면에 붙어살지만 실 같은 모양의 균사를 뿌리보다 훨씬 멀리까지 뻗을 수 있기 때문에 뿌리가 단독으로 흡수할 때보다 더욱 많은 양분과 수분을 가져올 수 있답니다.

균근은 또 다른 균근과도 공생하는데요. 토양 안에서 거대한 균근 네트워크를 형성해 양분과 수분을 공유하며 심지어 해충에 대한 정보를 공유하기도 합니다. 사실상 균근 네트워크가 형성된 토양의 모든 균근과 식물은 하나의 유기체로 볼 수 있지요. 대표적인 균근으로는 소나무와 공생하는 송이버섯이 있으며 난초는 균근과 공생해야만 살아갈 수 있답니다.

식물의 뿌리가 공생하고 있는 것은 균근만이 아닙니다. 뿌리혹박테리아는 공기 중의 질소를 붙잡아 암모니아를 만드는데요. 이른바 질소 고정입니다. 암모니아는 물과 만나 암모늄 이온이 되는데 식물은 이것으로 생장에 필요한 아미노산을 합성하죠. 식물은 광합성을 하지 못하는 뿌리혹박테리아에게 광합성을 통해 만든 당분 등을 제공합니다. 뿌리혹박테리아는 주로 콩과의 식물들과 공생하지만 다른 많은 식물과도 관계를 맺는다는 사실이 최근 밝혀졌지요.

식물의 뿌리 근처 토양을 근권이라고 하는데 근권에는 균근과 뿌리혹박테리아 말고도 다양한 토양 미생물이 식물과 공생하고 있지요. 뿌리는 수분과 양분을 흡수하지만 반대로 삼출액을 뿌리 밖으로 분비하기도 합니다. 삼출액은 당분과 아미노산 등으로 구성되는데 식물은 광합성으로 만든 양분을 많으면 30퍼센트까지도 근권으로 내보낸다고 합니다. 삼출액은 박테리아를 비롯한 다양한 토양 미생물의 훌륭한 먹이가 되며 이들을 근권으로 불러오는 역할도 합니다. 토양 미생물은 근권에 머물며 떨어져 나간 작은 뿌리와 동물의 사체를 분해하며 증식하고 건강한 토양 생태계를 형성해 병충해를 막아 주며 식물의 생장도 촉진시켜 줍니다.

이렇듯 균근과 뿌리혹박테리아 그리고 토양 미생물은 식물과 단단한 공생 관계를 맺은 것처럼 보이지만 그 관계가 영원한 것은 절대 아니지요. 예컨대 식물은 토양 내 양분이 풍부할수록 균근이나 뿌리혹박테리아와의 공생 관계를 느슨하게 풉니다. 어려울 때 도와준 친구나 마찬가지인 균근과 뿌리혹박테리아 입장에서 보면 이것은 식물의 배신행위에 해당하지요.

배신행위는 토양 미생물에서도 발견되는데요. 정확히 말하면 토양 미생물 중 혐기성 미생물이 그렇습니다. 혐기성 미생물은 산소가 없는 환경에서 살아가는 미생물인데 식물에서 떨어져 나온 잔뿌리나 동물의 사체 등 토양 내 유기물을 분해해 다시 양분으로 되돌리는 분해자 역할을 하며 공생하지만 식물이 빈틈을 보이면 바로 공격하는 냉혹한 면을 보이기도 하지요. 즉 혐기성 미생물은 토양 내 산소가 고갈돼 뿌리가 산소를 제대로 공급받지 못하면 뿌리를 공격합니다. 뿌리는 산소와 당분을 이용해 ATP라고 하는 생체 에너지를 만드는데 만약 산소가 고갈되면 사용되지 않은 당분이 그대로 농축되고 이것은 토양 미생물의 멋진 사냥감이 되기 때문입니다.

인간은 섬이 아니다

한편, 공생이 포식에서 출발했다는 사실은 공생과 포식의 경계가 애매할 수 있다는 것을 알려 줍니다. 토양 미생물이 어느 날 갑자기 뿌리를 포식하는 것은 이들의 관계가 공생이 아니기 때문이 아닙니다. 공생 관계에 있다 하더라도 환경 변화에 따라 얼마든지 포식 관계로 넘어가기도 하거든요. 항생제로 균형이 깨진 대장 안의 미생물 집단의 사례는 그것을 잘 설명해 줍니다.

장내 미생물이 항생제 등 외부의 충격을 받아 박멸되면 항생제 내성을 가진 몇몇 박테리아만이 증식하게 됩니다. 이때 건강한 대장에서는 문제가 되지 않던 특정 박테리아가 문제를 일으킬 수 있지요. 즉 평소에는 다양한 종류의 장내 미생물이 공생하면서 특정 박테리아의 독주를 억제하지만 항생제로 장내 미생물 간의 균형이 무너지면 일부 박테리아만 살아남아 증식하는 비정상적인 상황이 발생할 수 있습니다. 만약 증식한 박테리아가 슈퍼 박테리아로 판정되면 환자가 위험해질 수 있습니다.

장내 미생물의 균형이 깨지고 슈퍼 박테리아의 온상이 된 환자를 치료할 수 있는 방법 중 하나는 대변 이식술입니다. 이는 건강한 사람의 대변을 대장에 이식해 대장과 장내 미생물의 공생 관계를 회복시켜 주는 것인데요. 실제로 항생제를 더 이상 사용할 수 없게 된 환자가 지푸라기라도 잡는 심정으로 택하는 경우가 많다고 합니다. 하지만 치료 효과가 있어서 만성 대장염에 걸려 상태가 위급했던 환자가 남편의 대변을 이식받아 살아난 경우도 있습니다. 어찌 보면 남편과 공생하던 박테리아가 아내의 목숨을 구한 것인 셈인데요. 대변 이식술은 우리가 오랫동안 싸우고 경쟁해 온 것으로 알고 있던 미생물을 공생의 대상으로 인식하기 시작했다는 증거이기도 합니다.

사람과 기생충의 공생도 이와 비슷합니다. 기생충은 자신의 이익을 위해 다른 생물에게 크고 작은 피해를 주죠. 숙주를 당장 죽이지 않는다는 점에서 포식과 분명히 다르지만 그 피해가 누적될 경우 숙주를 죽일 수 있기 때문에 포식과 다를 바 없지요. 하지만 반대로 어떤 종류의 기생충은 숙주와 공생하기도 하는데요. 이들은 면역 질환인 천식 치료와 만성 염증성 장질환인 크론병 치료에 이용되는 구충과 돼지편충입니다.

인간의 면역 시스템은 오랫동안 바이러스와 박테리아 그리고 기생충 등에 저항하고 싸우며 진화해 왔는데요. 그러나 현대에 들어 비누와 항생제, 구충제 등으로 우리 몸과 주변이 청결해지면서 이들 병원체가 박멸되고 그 결과 공격 대상을 찾지 못한 면역 시스템이 우리몸을 침입자로 여기고 잘못 공격하는 과민 반응을 보이게 되었지요. 이것은 자가 면역 질환의 일종인데 과거에 비해 위생적인 현대 환경이 불러온 질병이라고 할 수 있습니다.

이 병을 고치기 위한 간단한 방법 중 하나는 면역 시스템이 원래 역할을 되찾도록 환자에게 구충과 돼지편충을 처방해 주는 것입니다. 이는 면역 시스템으로 하여금 구충과 돼지편충을 상대하느라 정신이 없도록 만들어 우리 몸을 공격할 틈을 주지 않는 것이지요. 다시 말해 기생충이 사람과 손을 잡고 면역 시스템에 저항하는 것입니다.

모든 종은 살아가기 위해 다른 종을 필요로 합니다. 숙주 없이 기생충은 살아갈 수 없습니다. 피식자가 사라지면 포식자도 사라집니다. 기생충은 숙주를 포식하지 않고 포식자는 피식자를 박멸하지 않습니다. 그렇지 않은 기생충과 포식자는 멸종의 길을 걸었습니다.

인간 또한 그 자체로 섬이 아닙니다. 인간은 지구 상의 모든 생명과 연결되어 있으며 직접 혹은 간접적으로 다른 생명들에 의지하며 살아갈 수밖에 없습니다. 오늘날 우리에게 필요한 공생의 지혜가 어쩌면 여기에 있을지 모릅니다.

4

생물학에 '법칙'은 없다?

'우연'의 학문, 생물학

첫 번째 장면. 힘차게 빙판 위를 날아오른 김연아가 공중에서 세 바퀴 반을 돕니다. 언제까지고 허공에 머물 것처럼 보이던 그가 양팔을 벌려 서서히 회전을 풀더니 멋진 곡선을 남기며 지상으로 내려옵니다.

두 번째 장면. 양초에 불을 붙였더니 빛과 열이 발생합니다.

세 번째 장면. 살충제를 꾸준히 사용했더니 내성을 가진 곤충이 생겼습니다.

위의 세 장면은 아무런 연관이 없어 보입니다. 하지만 공통점이 있지요. 각 장면은 과학 현상이라는 겁니다. 공중에서 '트리플 악셀'을 시도한 김연아는 곧 얼음 위로 착지합니다. 중력 현상이죠. 양초에 불을 붙이면 '연소'라고 하는 화학 반응이 일어나죠. 살충제를 계속 살포하면 곤충 유전자에 '변이'가 생긴 개체가 출현해 살충제를 다량 살포해도 죽지 않을 수 있지요. 내성을 가진 변이체가 생기는 과정은 생명 현상입니다.

그러나 세 장면은 다른 점도 있습니다. 물리와 화학 현상에는 원래 예외가 없죠. 질량을 가진 두 물체가 서로 잡아당기는 힘을 만유인력이라고 하는데 지구 중력에도 만유인력은 작용하죠. 따라서 지구에 있는 모든 물체는 지구의 중심을 향하는 힘을 받게 됩니다. 별똥별이든 인공위성이든 예외가 없지요. 마찬가지로 연소 현상은 질량-에너지 합의 보존 법칙이 적용돼 반응 전의 질량과 에너지의 합이 반응 후의 질량과 에너지의 합과 같게 됩니다. 이것은 성냥불이나 로켓, 태양, 초신성에도 예외 없이 적용되죠. 그러나 생물학의 현상에는 예외가 있습니다. 어떤 곤충이 살충제 내성을 획득하는 과정은 모든 곤충에 적용되지 않거든요. 변이 유전자가 만들어 낸 새로운 단백질이 살충제가 체내로 흡수되는 통로를 차단하는 경우나 흡수된 살충제를 신속하게 분해 또는 체외로 배출할 수 있는 일부 개체에게만 해당하기 때문입니다.

생물학에서 예외가 발생하는 이유는 우연이라는 요소 때문인데요. 살충제 내성 유전자는 유전자가 복제되고 합성되는 과정에서 우연히 만들어지죠. 그러나 우연히 만들어진 다양한 변이체가 살충제 노출이라는 주어진 환경 안에서 일부는 도태되고 일부는 적응하며 살아남는 과정은 필연적인 과정입니다. 우리는 이것을 자연 선택이라고 부르며 살충제 내성 유전자는 자연 선택의 알고리즘에 의해 진화하게 되지요. 자연 선택에 의한 진화는 다윈이 『종의 기원』에서 주창한 이래로 용불용설과 창조론 등 수많은 도전에 직면하지만 자연법칙으로서의 확고한 지위가 흔들린 적은 단 한 번도 없었습니다.

다윈의 진화론은 무생물에서 생물이 자연적으로 생겨나고 다양한 생명체로 진화할 수 있다는 사실을 논리적으로 설명했는데요. 이로써 생물학에 끼친 다윈의 가장 커다란 업적 중 하나는 동물과 식물을 수집해 분류하던 수준에 머물던 당시 생물학을 물리학이나 화학과 어깨를 나란히 할 수 있는 명실상부한 과학의 한 분야로 자리 잡게 한 것입니다.

생물학은 생명을 가진 존재에 관한 학문입니다. 또 수천 년 동안 종교적 믿음에 가려 보지 못했던 세상을 있는 그대로 보여 준 진실의 학문이기도 합니다. 영화 〈매트릭스〉[1999년]의 주인공이 컴퓨터가 만들어 낸 가짜 세상 즉 매트릭스가 아닌 진짜 세상을 보기 위해 빨간 알약을 삼켰듯이 생물학을 공부하는 것은 진실에 접속하는 과정이기도 하죠. 따라서 생물학은 완벽한 절대자가 창조한 세상을 찬양하며 창조물을 관찰하고 기록하는 것처럼 보였던 물리학이나 화학과는 달리 창조관을 근본부터 부정함으로써 종교계의 강한 반감을 샀고 공격의 대상이 되었지요. 이것은 물론 생명의 기원에 대한 생물학

영화 〈매트릭스〉의 주인공이 컴퓨터가 만들어 낸 가짜 세상 즉 매트릭스가 아닌 진짜 세상을 보기
위해 빨간 알약을 삼켰듯이 생물학을 공부하는 것은 진실에 접속하는 과정이기도 하죠.

의 주장이 종교계의 입장과 달랐기 때문이지만 생물학이 숫자 몇 개
로 설명되지 않는 것에 일부 원인이 있기도 합니다. 엉성한 그물처럼
구멍이 숭숭 나 있는 생물학의 논리는 한 치의 오차도 허용하지 않는
물리학이나 화학과는 다르게 보였고 왠지 만만해 보이기도 했던 것
이죠.

　일찍이 철학자이자 물리학자였던 데카르트는 인간을 제외한 모든

생물을 기계에 비유한 적이 있습니다. 물리학자 뒤부아레몽은 세계를 원자들의 운동으로 보면서 자연 안에 있는 물체들의 모든 변화가 위치 에너지와 운동 에너지의 합으로 설명되었을 때 거기에는 더 이상 설명할 것이 없다고 주장하기도 했지요. '아보가드로의 수'로 유명한 화학자 아보가드로는 분자 개념을 도입해 화학의 기초를 세웠고 갈릴레이는 자연이 신의 친필인 수학으로 쓰여진 완전한 세계라고 말하기까지 했지요. 뉴턴이 발견한 역학의 법칙이 숫자로 표현되어 태양과 지구를 비롯한 행성의 운동을 설명하고 이론 물리학자들이 우주의 기원을 밝혀 줄 단 하나의 방정식을 찾고 있을 때 과학에 대한 신뢰는 숫자에서 나오는 것처럼 여겨졌답니다.

반면에 생물학에서 사용하는 숫자는 통계적으로 관찰할 때 유효할 뿐입니다. 예컨대 멘델의 텃밭에서 완두는 우성과 열성이 '거의' 정확하게 3:1의 비율로 나타났죠. 멘델이 세상을 떠난 후에야 우열의 법칙으로 알려진 이 특별한 비율은 멘델이 완두를 수십 번 이상 반복적으로 재배하면서 통계적으로 알아낸 것인데 여러 연구자들의 실험에 의해 이 수치가 정확하다는 것이 증명되었지요. 다만 이 실험에서 표본이 되는 완두의 개수가 충분하지 않다면 실제 측정치는 3:1의 비율이 나오지 않을 수 있습니다. 동전을 여러 번 던졌을 때 앞면과 뒷면이 언제나 5:5의 비율로 나오는 것이 아닌 것처럼 완두의 우성과 열성이 항상 3:1의 비율로 나타나는 것은 아닙니다.

사실 이론적 수치와 실제 측정치 사이에 생기는 오차는 우열의 법칙이 어설프다는 증거가 아닙니다. 오히려 생물학이 살아 있는 생물을 다루는 학문이라는 핵심 증거입니다. 그럼에도 불구하고 확률과 통계의 숫자를 사용하는 생물학을 물리학이나 화학에 비해 한 수 아래의 학문으로 오해하는 사람들이 더러 있습니다. 그들이 보기에 생물학의 숫자들은 엉성한 근사치의 모음에 불과한 것이죠. 더군다나 유전적 돌연변이의 출현은 과학으로서의 예측 가능성을 축소시키곤 합니다. 이는 엄밀한 학문으로서의 생물학의 지위를 의심하게 만들지만 그 우발적인 빈틈에서 진화의 원동력이 나오며 생물 다양성 또한 여기에 기대고 있다는 사실 또한 잊으면 안 됩니다.

생물학, 예외를 껴안다

숫자와 수식에 집착하면 생물학의 법칙을 제대로 이해할 수 없게 됩니다. 예컨대 붓꽃은 우열관계가 어중간하기 때문에 빨간색과 흰색뿐만 아니라 분홍색 꽃도 볼 수 있는데요. 빨간색 꽃과 분홍색 꽃, 흰색 꽃이 1:2:1의 비율로 골고루 표현됩니다. 사람의 혈액형은 우열관계가 아예 없으며 키나 피부색은 환경의 영향을 강하게 받기 때문에 우열의 법칙이 적용되지 않지요. 또한 21번 염색체가 정확하게 분리되지 않아 생기는 다운증후군은 멘델의 분리의 법칙에 위배되는 대표적인 사례로 볼 수 있습니다.

요컨대 생물학의 법칙이란 오차를 허용하지 않는 숫자와 수식의 틀이 아닌 예외와 새로운 변화마저 껴안는 유연한 체계라는 것을 알 수 있습니다. 이것은 '중심 이론'에도 적용됩니다.

생물학에서 보편성을 띠는 몇 안되는 규칙 중 하나로 알려진 중심 이론은 20세기 중반 DNA의 이중나선구조를 발견해 노벨상을 받은 프랜시스 크릭이 세상에 처음 내놓았을 때만 해도 예외없는 유전 정보의 흐름을 보여 주었는데요. 센트럴 도그마라고도 불리는 이 이론에서 유전 정보는 강물이 높은 곳에서 낮은 곳으로 흐르는 것처럼 DNA의 정보는 RNA로 전달되고 RNA의 정보는 단백질로 이어지는 일방적인 흐름을 갖습니다. 다시 말해 유전 정보는 DNA의 유전 정보로부터 RNA를 만드는 '전사'와 RNA의 유전 정보로부터 단백질을 합성하는 '번역'이라는 과정을 통해 정해진 방향으로만 전달되는 것처럼 보였습니다. 그러나 크릭의 중심 이론 발표 후 10여년이 지나자 RNA가 DNA를 합성하는 즉 유전 정보가 반대 방향으로 흘러가는 사례가 레트로바이러스에서 발견되었지요. 레트로바이러스는 RNA를 유전 물질로 갖는 바이러스의 한 종류인데요. DNA에서 RNA를 만들어낼 때 사용하는 전사효소 대신 역전사효소라는 특별한 효소를 이용해 RNA에서 DNA를 만들어 내지요. 레트로바이러스 중 대표적인 것이 에이즈를 일으키는 인간면역결핍바이러스 즉 HIV입니다. 또한 '짧은 RNA조각'이 유전 정보를 지닌 기다란 RNA에 달라붙어 단백질 합성을 방해하는 이른바 RNA간섭 현상도 RNA의 유전 정보가 단백질로 가는 것을 방해하기 때문에 이것 역시 중심 이론의 원칙을 지키지 않는 경우로 볼 수 있지요.

중심 이론에 균열을 낸 것은 유전 정보를 담고 있는 DNA나 RNA

만이 아닙니다. 프리온 단백질도 예외 항목에 그 이름을 올렸는데요. 소가 어느 날 갑자기 일어나지 못하다가 미쳐서 죽어 버리기 때문에 한때 '미친 소' 병으로 언론에 소개되기도 했던 광우병은 뇌 조직을 구멍 뚫린 스펀지처럼 만드는데 이는 프리온 단백질 때문인 것으로 알려져 있습니다.

프리온 단백질은 건강한 사람이나 동물의 세포에서 쉽게 발견할 수 있는 단백질인데 이것이 변형되면 강력한 감염성을 갖게 되죠. 정상적인 프리온 단백질은 알파 나선 구조를 가지며 분해 효소에 잘 분해되는 반면에 베타 병풍 구조를 갖는 변형된 프리온 단백질은 분해 효소는 물론 100도의 끓는 물에도 파괴되지 않는다고 합니다. 특히 변형된 프리온 단백질은 다른 정상적인 프리온 단백질과 접촉하는 것만으로도 자신과 같은 변형 프리온 단백질로 바꿔 버립니다. 공포 영화에 나오는 좀비 같지 않나요? 프리온의 사례는 유전 정보가 단백질에서 단백질로 전달되는 것이기 때문에 RNA에서 단백질로 유전 정보가 흐른다는 중심 원리의 원칙에 어긋나는 예외적 사례로 볼 수 있답니다.

역전사나 RNA간섭과 마찬가지로 프리온 단백질은 중심 이론의 원칙인 DNA → RNA → 단백질로 흐르는 유전 정보의 일방통행에 예외라는 다양성을 추가했습니다. 즉 역전사효소는 RNA에서 DNA 로 유전 정보를 거꾸로 흐르게 하고 '짧은 RNA조각'은 단백질 합성에 관여하는 RNA에 달라붙어 RNA에서 단백질로 유전 정보가 흐르지 못하게 방해하며 프리온 단백질은 다른 단백질의 구조를 변형시

킴으로써 중심 이론을 관통하는 일방도로에 역방향노선을 만들고 우회로를 깔았던 거죠. 하행선을 타고 직진만 하던 유전 정보가 적어도 DNA와 RNA에서 만큼은 상행선과 하행선을 자유롭게 오가는 것처럼 보이는데요. 최근엔 후성 유전학이라는 신호등이 추가되기 시작했습니다. 네덜란드 대기근은 후생 유전학의 서막을 알리는 사건이었습니다.

예외가 낳은 다양성

2차 세계 대전이 막바지로 치닫던 1944년 겨울부터 이듬해 봄까지 네덜란드는 독일군의 봉쇄 작전으로 극심한 영양실조를 겪어야 했습니다. 풀과 튤립 구근으로 버티던 네덜란드 사람들 중 최소 2만 명이 굶주림으로 사망했으며 간신히 살아남은 수백만 명의 사람들조차 끔찍한 트라우마를 겪게 되었죠. 작은 키에 깡마른 체구의 유명 여배우 오드리 헵번은 열여섯 살의 나이로 대기근을 이겨낸 생존자 중 한 명이었다고 합니다. 굶주림의 후유증으로 헵번은 죽을 때까지 잦은 병치레와 영양실조의 후유증에 시달려야 했습니다.

생존 환경이 유전자에 미치는 영향을 연구하는 후성 유전학은 네덜란드 대기근을 통해 환경 인자가 유전자에 각인될 수 있다는 사실을 확인했습니다. 특히 대기근 시기에 엄마의 뱃속에 있던 아이들은 성인이 되었을 때 비만과 당뇨, 고혈압, 심장병 등의 성인병뿐만 아니라 조현병^{정신 분열증}에 걸릴 가능성도 높다는 사실이 밝혀졌는데요. 심지어 생존자의 자식뿐만 아니라 손자 손녀에게까지 대기근의 영향이 미치고 있다는 새로운 연구 결과도 나왔지요. 이것은 영양 결핍이라는 환경 인자가 당사자의 체세포뿐만 아니라 생식 세포 유전자에 각인되어 후대에 전달되었다는 것을 의미하는 것입니다.

이처럼 환경의 변화는 유전자에 특별한 인식표를 남기는데 이것을 후성 유전학적 표지라고 합니다. 후성 유전학적 표지는 DNA에 달라붙는 메틸기와 아세틸기 등의 작은 분자를 말하는데요. 이들의 역할은 유전자를 변형시키거나 조작하는 것이 아니라 해당 부위의 유전자를 작동시키거나 반대로 작동하지 못하도록 억제하는 것에 있습니다. 즉 DNA의 유전 정보가 단백질로 번역되기 위해서는 DNA에 특정 효소가 결합해야 하는데 메틸기가 먼저 그 자리에 붙어 있으면 효소는 해당 부위에 결합하지 못하는 거죠. 메틸기가 DNA에 달라붙는 것을 메틸화라고 하는데 메틸화는 DNA의 염기 서열을 조작하지는 않지만 해당 부위의 유전자가 작동하지 못하도록 억제하는 역할을 합니다.

요컨대 후성 유전학은 비록 중심 이론을 거스르는 방향으로 유전 정보를 흐르게 하지 않지만 신호등의 불을 켜고 끄는 것으로 유전 정보를 정지선 앞에 우뚝 멈춰 세우거나 출발시키는 역할을 합니다. 이때 신호등을 켜고 끄는 것은 유전자가 아니라 메틸기나 아세틸기 같은 후성 유전학적 표지 즉 유전자에 각인된 환경의 변화인 것입니다.

유전자를 조절하는 스위치 역할을 하는 화학 분자들은 몇 세대에 걸쳐 유전될 만큼 강하게 결합할 수 있습니다. 따라서 어느 유전자가 켜지고 어느 것이 꺼질지 정해지면 다시 말해 메틸화나 아세틸화가 일단 진행되면 이것이 부착되기 이전으로 되돌아가기 어려워집니다. 예를 들어 조혈모세포는 모든 종류의 혈액세포를 만들어 낼 수 있는 세포인데 조혈모세포가 일단 백혈구로 분화되면 백혈구는 다시 조혈모세포로 돌아갈 수 없게 되지요.

하나의 수정란이 배아 줄기세포를 거쳐 다양한 세포와 조직, 기관으로 분화해 가는 과정은 후성 유전학적 표지들이 고정되는 과정이기도 합니다. 그리고 그 방향은 크릭이 주장했던 초기의 중심 이론처럼 한쪽 방향만 허용하는 일방도로를 달리며 수정란에서 멀어지는 쪽으로만 진행되죠. 그 반대 방향은 생식 세포인 난자와 정자가 만나 수정란이 만들어지는 경우가 유일합니다. 체세포는 절대로 수정란으로 돌아갈 수 없고 둘 사이의 생물학적 장벽은 높기만 하지요. 따라서 자연의 법칙이라고 불릴 만한 이 원칙은 수억 년 이상 유지되었습니다. 적어도 포유류는 그랬습니다.

그러나 핵을 제거한 빈 난자에 체세포의 핵을 이식하는 핵 치환 방법으로 복제 양 돌리를 탄생시켰을 때 체세포의 DNA에 붙어 있던 메틸화의 흔적들은 모두 지워져 버렸지요. 난자의 세포질은 생물학적 시간을 되돌려 발생의 시계를 수정란 상태로 맞추었으며 이로써 모든 포유류의 조상들이 지켜 왔던 원초적 규칙을 산산조각 냈습니다. 체세포 핵은 수정란처럼 모든 세포로 분화할 수 있는 능력을 갖게 되었지요. 이제 생물학의 법칙은 예외와 공존하는 방법을 익히는 중입니다.

핵 치환 기법이 구리 반지에 금도금을 하는 것이라면 유도 만능 줄기세포iPS Cell 기법은 구리 반지를 금반지로 바꾸는 연금술로 비유할 수 있는데요. 단지 서너 가지 전사 관련 유전자를 체세포에 넣어 주는 것만으로 체세포를 배아 줄기세포 상태로 되돌리는 유도 만능 줄기세포 기법은 생물학적 시간을 왜곡시킨다는 측면에서 핵 치환과 같지만 그 메커니즘은 확연히 다르죠. 유도 만능 줄기세포는 난자의 세포질이 지닌 능력 즉 세포를 재프로그래밍하는 능력을 가졌기 때문에 난자의 도움 없이 발생의 시계를 리셋할 수 있죠. 그리고 이것은 생물학의 법칙이 예외와 공존하는 것을 뛰어넘어 얼마나 유연한지 보여 줍니다.

세포는 세포로부터 나옵니다. 생물은 생물로부터 나오죠. 바이러스조차 살아 있는 생물이 아니면 탄생할 수 없지요. 이 모든 과정에 유전자가 관여하지만 새로운 DNA와 RNA 그리고 단백질을 합성하는 과정은 합성 효소의 오작동과 환경 변수 때문에 변이와 오류로 가득 차 있지요. 불완전한 세포와 생물이란 그래서 필연일지 모릅니다. 하지만 그렇게 고정되지 않은 불완전함이 예외를 받아들이고 새로운 창조의 물꼬를 트는 마중물이 되는 것입니다.

과도한 예외조차 받아들이는 생물학이란 정해진 것도 없고 복잡하기만 해 예측할 수 있는 것이 별로 없고 따라서 독자적인 법칙을 갖는 것이 불가능하다고 말할 수도 있겠지요. 하지만 그것은 생물학을 과소평가하는 것입니다. 예외야말로 생물학을 풍부한 다양성으로 이끈 진정한 원동력이거든요.

생물학에 법칙이 없는 것이 아닙니다. 다만 예외를 인정할 뿐이죠. 상대성 이론이 역학의 법칙에 수정을 가하고 패러다임을 이동시키듯 생물학은 끊임없는 자기 수정을 시도하고 더 넓은 세상으로 나가고 있는 것입니다. 어쩌면 예외가 낳은 다양성을 품기 위해 현재의 법칙마저 구부리는 것 그것이 생물학의 운명일지 모릅니다.

2장 생물학,

먹을거리를
논하다

바나나의
멸종을 막아라

에덴동산과 '천국의 바나나'

'이것'은 무엇일까요? 세계 4대 식량 자원 중 하나입니다. 그 종류
가 1000여 종에 달하고 사람보다 큰 키의 여러해살이풀로 당신과 유
전자를 60퍼센트나 공유하는 '이것'은 과연 무엇일까요?

네, 바나나입니다. 밀, 쌀, 옥수수와 더불어 세계 4대 식량 자원 중
하나이며 특히 식량이 부족한 열대 지방의 사람들이 주식으로 삼을
만큼 중요한 열량 공급원이죠. 현재 말레이시아를 비롯한 세계 곳곳
에서 1000여 종에 달하는 바나나가 자생하고 있는데요. 다 자란 바

나나는 키가 9미터에 달하기 때문에 나무로 오해하는 경우가 많지만 사실 파초과 파초속에 해당하는 '여러해살이풀'이랍니다. 특히 사람 유전자와 60퍼센트 정도를 공유한다는 사실이 알려져 놀라움을 더하고 있죠.

한국과 유럽은 물론 전 세계에 바나나가 알려진 것은 비교적 최근이기 때문에 바나나의 역사를 짧은 것으로 오해하는 경우가 종종 있는데요. 바나나는 무려 7000년 전에 파푸아뉴기니에서 재배했던 흔적이 발견될 정도로 인류가 먹어 온 가장 오래된 과일 중 하나죠.

또한 바나나는 아주 유서 깊은 과일이기도 합니다. 바나나의 진짜 유래를 찾아보려면 신화 속으로 들어가야 하는데요. 선악과가 등장하는 에덴동산의 오래된 기록을 들춰 보면 흥미로운 사실 하나를 깨닫게 됩니다. 『바나나』의 저자 댄 쾨펠에 의하면 히브리어와 그리스어로 쓰인 옛 성경에서 선악과를 사과로 언급한 적은 없다고 합니다.

사람들이 선악과를 사과로 오해하기 시작한 것은 한 성경학자의 작은 의도에서 비롯됩니다. 서기 400년경 히에로니무스가 히브리어로 쓰여진 성경을 라틴어로 옮기던 중 선악과를 '말룸malum'이라는 단어로 번역하는데요. 그는 선악과를 부정적으로 표현할 단어를 찾다가 '악의적인malicious'과 느낌이 비슷한 '말룸malum'을 선택했다고 합니다. 문제는 라틴어 말룸이 '사과'로도 해석될 수 있다는 것입니다. 이렇게 선악과를 말룸으로 기록한 성경은 15세기경 쿠덴베르크의 인쇄술 덕분에 널리 퍼지게 되고 르네상스 시대의 화가들 또한 이러한 성경을 참고하면서 에덴동산에 사과를 그려 넣게 되었다는 거죠.

〈아담과 이브〉. 루카스 크라나흐, 1530년 경.

선악과가 등장하는 에덴동산의 오래된 기록을 들춰 보면 흥미로운 사실 하나를 깨닫게 됩니다. 『바나나』의 저자 댄 쾨펠에 의하면 히브리어와 그리스어로 쓰인 옛 성경에서 선악과를 사과로 언급한 적은 없다고 합니다.

하지만 모든 학자들이 선악과를 사과로 해석한 것은 아닙니다. 분류학의 아버지 칼 폰 린네도 그런 사람이었죠. 린네가 바나나에 붙인 학명 '무사 파라디시아카'는 '천국의 바나나'라는 뜻을 갖습니다. 독실한 기독교 신자였으며 절대자가 창조한 생명을 제대로 분류하는 것만이 천직이라고 여겼던 린네는 바나나야말로 선악과라고 판단한 거죠. 한편 이슬람교도의 경전인 코란에도 에덴동산이 등장하는데요. 금지된 열매의 나무 즉 선악과를 '바나나 나무'라고 적어 놓은 경우도 있다고 합니다.

신화 속의 바나나는 에덴동산을 떠나 유전적 고향 말레이시아를 비롯해 남아메리카, 아프리카, 인도 등 전 세계 다양한 지역으로 퍼져 수천 년 이상 자생하고 있습니다. 우리에게 친숙한 것은 그들 중 캐번디시 같은 일부 품종입니다. 에콰도르와 과테말라, 카나리아 제도, 호주, 대만 등지의 대형 농장에서 수출용으로 재배되고 아시아와 유럽, 미국 등 세계 각국으로 옮겨져 마트 진열대로 갔다가 최종적으로 우리들 식탁에 오르게 되죠. 그러나 전문가들에 따르면 20여 년 후 우리 식탁에서 바나나를 구경하기 힘들 수 있다고 합니다.

그 이유는 곰팡이 때문이라고 합니다. 푸사리움 옥시스포룸이라는 곰팡이가 일으키는 바나나마름병은 흔히 바나나 암, 바나나 에이즈로 불립니다. 바나나마름병은 흙속에 들어 있던 곰팡이가 토양 수분을 통해 뿌리로 침투하고 물관 조직을 통해 바나나의 줄기와 잎 전체에 퍼지면서 발병한다고 합니다. 실타래처럼 얽힌 곰팡이 균사 덩어리가 바나나의 물관을 막아 수분 공급을 차단하고 결국 바나나 잎이 말라 죽게 되는 것이지요.

단일종 재배의 비극

사실 바나나마름병이 세상에 알려진 것은 이번이 처음은 아닙니다. 상업적 바나나 재배를 본격적으로 시작할 무렵인 20세기 초반에 이미 그 존재를 드러냈죠. 그러나 그때 바나나마름병에 걸린 바나나는 지금 우리가 먹고 있는 캐번디시 바나나가 아니었지요. 그 당시 대규모 농장에서 상업적으로 재배하던 바나나는 그로미셸이라는 품종으로 지금의 캐번디시와 비교해 더 크고 더 높은 당도를 가진 통통하고 식감이 우수한 바나나였죠. 20세기 중반까지 그로미셸은 전 세계 수출용 바나나의 대부분을 차지하며 승승장구했지만 마름병이 전 세계 농장으로 급속히 번지면서 재배를 포기하는 농장이 속출하더니 1965년 이후 사라지게 됩니다. 바나나 농장은 마름병을 막기 위해 화학농약 등 온갖 방법을 동원했지만 결국 무릎을 꿇고 맙니다.

마름병의 무서움은 역사적 사례를 통해 익히 알려져 있습니다. 마름병이 일으킨 가장 유명한 사건은 아일랜드 대기근인데요. 1845년부터 5년 동안 동안 아일랜드 전역을 휩쓴 감자마름병 때문에 당시 800만 명의 아일랜드 국민 중 100만 명이 굶어 죽었습니다. 그보다 많은 사람들이 행방불명되었고 200만이 넘는 사람들이 아메리카 대륙 등으로 이민을 떠나 아일랜드 국민의 절반이 줄어든 대사건이었죠. 영국인 대지주의 식량 수탈도 있었지만 직접적인 원인은 마름병에 약한 품종의 감자를 단일 재배한 데에 있습니다.

19세기 무렵 영국인 대지주는 아일랜드 소작인들로부터 밀과 돼지고기, 유제품 등 대부분의 식량을 수탈해 갑니다. 그 대신 맛은 좀 떨어지지만 수확량이 높은 럼퍼라는 감자 품종을 아일랜드 소작농들에게 강요합니다. 이후 아일랜드 전역에서 럼퍼는 가족을 부양하는 소중한 식량이 됩니다. 문제는 여기서 시작되는데요. 불행히도 럼퍼는 감자마름병에 대한 내성이 전혀 없는 품종이었죠. 당시 아일랜드 전역의 감자는 유전적으로 거의 단일했습니다. 럼퍼 한 그루가 전염병에 피해를 입으면 나머지 럼퍼들도 쓰러지는 것은 시간문제였죠. 1845년 8월 아일랜드의 한 농장을 강타한 감자마름병은 수년간 아일랜드 전역에 대기근을 몰고 오게 됩니다.

그런데 여기서 한번 생각을 해 보죠. 만약 아일랜드 사람들이 럼퍼 외에 다른 감자를 심었다면 어땠을까요? 3000 종류가 넘는 감자 중에 럼퍼 말고 다른 감자 너댓 종류를 섞어 심었다면 사태의 참혹함은 덜하지 않았을까요?

곰팡이 종류에 따라 감자의 내성도 다르죠. 말하자면 특정 마름병에 강한 감자가 있는가 하면 그렇지 않은 감자가 있다는 거죠. 요컨대 다양한 감자를 재배하는 것은 마름병에 저항하는 좋은 전략이 됩니다. 특정한 종류의 곰팡이가 일으키는 마름병에 럼퍼가 당한다 해도 저항력이 있는 다른 감자는 살아남을 수 있을 테니까요.

여기서 얻을 수 있는 생물학적 교훈은 단일 재배를 되도록 피하고 유전적으로 다양한 품종을 재배하라는 것입니다. 하지만 바나나 업자들은 마름병의 역사에서 아무런 깨달음을 얻지 못한 것처럼 보입니다. 그들은 마름병으로 전멸한 그로미셀을 대신할 품종으로 캐번디시를 지목했습니다. 그러고는 단일 재배의 악몽을 잊은 채 전보다 더 넓은 농장에서 더 많은 캐번디시를 생산합니다. 그로미셀의 역사는 반복되었습니다. 캐번디시가 마름병에 쓰러지고 있기 때문이죠. 이것은 농약으로 해결할 수 있는 문제가 아닙니다. 제초제나 살충제는 더더욱 아닙니다. 가장 큰 원인은 단일 품종만을 강요하는 상업적 재배에 있습니다.

그로미셀과 캐번디시는 야생 바나나와 달리 씨가 없습니다. 따라서 씨앗이 아니라 줄기로 무성 생식을 하는데요. 바나나 줄기는 진짜 줄기가 아니며 진짜 줄기는 땅속에 있는 알줄기입니다. 알줄기는 흡아라고 하는 알줄기와 유전적으로 동일한 개체를 만들어 냅니다. 마치 씨감자를 잘라 심으면 씨감자와 유전적으로 똑같은 감자가 나오듯이 알줄기에서 나온 흡아를 심으면 유전적으로 똑같은 바나나를 얻을 수 있습니다. 지구상의 모든 캐번디시는 야생에서 발견된 단 한 그루의 캐번디시에서 무성생식을 통해 퍼져 나간 것이기 때문에 유전적으로 동일합니다. 유전적으로 동일하다는 의미는 캐번디시 특유의 맛과 향을 보장받을 수 있지만 한 종류의 전염병에도 전멸할 수 있다는 겁니다. 다시 말해 캐번디시 한 그루에 닥친 비극은 나머지 모든 캐번디시에게도 비극인 것입니다. 그리고 비극은 이미 시작되었습니다.

멸종 위기의 바나나 구하기

1970년대 말 전 세계의 바나나 수요가 늘어나면서 말레이시아도 캐번디시의 상업적 재배를 시작했습니다. 그런데 몇 년 후 일부 바나나가 말라죽기 시작하는데 그 증상이 그로미셸을 전멸시킨 파나마병과 비슷했습니다. 파나마병은 파나마에서 처음 발견되었다고 해서 이름붙은 바나나마름병인데요. 하지만 파나마병보다 더 치명적이고 전파력도 강했지요. 사람들은 이 병에 신파나마병이라고 이름을 붙입니다. 신파나마병은 곧 바다를 건너 지구 반대편의 바나나 농장에까지 이르게 됩니다.

신파나마병은 파나마병과 다르지만 아주 새로운 병은 아닙니다. 신파나마병을 일으키는 곰팡이는 원래부터 말레이시아의 토양에 서식하고 있던 토양 미생물의 일종이거든요. 말레이시아는 바나나의 유전적 고향답게 다양한 바나나가 자생하고 있는데요. 그들은 이 신파나마병에 내성을 갖고 있었습니다. 신파나마병을 일으키는 곰팡이는 이들 바나나와 함께 오랜 세월 진화를 거듭하고 있었고 아무런 문제를 일으키지 않은 채 공존하고 있던 거죠.

그러나 캐번디시에게 이곳 환경은 그다지 너그럽지 못했습니다. 곰팡이에 적응할 시간적 여유가 없었던 것입니다. 더군다나 캐번디시는 유성 생식이 아닌 무성 생식을 하기 때문에 한 그루 캐번디시의 불행은 장차 모든 캐번디시의 참사로 이어질 가능성이 있습니다.

바나나 기업과 전문가들은 마름병을 막기 위해 두 가지 해결책을

지구상의 모든 캐번디시는 야생에서 발견된 단 한 그루의 캐번디시에서 무성생식을 통해 퍼져 나간 것이기 때문에 유전적으로 동일합니다. 유전적으로 동일하다는 의미는 캐번디시 특유의 맛과 향을 보장받을 수 있지만 한 종류의 전염병에도 전멸할 수 있다는 겁니다.

제시합니다. 하나는 캐번디시를 대체할 품종을 찾는 것이고 다른 하나는 마름병을 이겨 내는 야생 바나나 유전자를 찾아 캐번디시에 넣어 주는 것이지요. 하나씩 살펴보도록 하죠.

지구 어딘가에 캐번디시를 대신할 바나나가 있을 것이라는 생각은 그럴듯 합니다. 하지만 마름병에 저항성이 있으면서 캐번디시처럼 당도가 높고 바다 건너편 소비자의 식탁에 올라갈 때에 맞춰 적당히 익는 바나나를 찾기란 무척 어려운 일입니다. 지금도 육종학자를 비롯한 수많은 전문가들이 노력하고 있지만 기업의 이윤을 보장해 줄 품종을 아직 구하지 못한 것 같습니다.

야생 바나나에서 실마리를 찾으려는 노력은 이보다 나아 보입니다. 적어도 마름병에 저항하는 유전자를 찾아냈거든요. 이를 캐번디시에 삽입하여 마름병에 감염된 농장에서 재배하는 실험도 진행하여 희망적인 결과를 얻었다고 합니다. 놀라운 사실은 '바나나 구하기 컨소시엄'에서 발표한 연구 내용인데요. 캐번디시에도 이 유전자가 처음부터 있었다는 것입니다. 다만 이 유전자는 발현되지 않도록 일종의 스위치가 내려가 있다는 것이지요. 전문가들은 유전자 조작 캐번디시를 대량 재배할 수 있는지 알아보는 한편 캐번디시의 봉인된 유전자의 스위치를 다시 올릴 방법도 연구하고 있다고 합니다.

이로써 바나나 멸종의 비극은 막을 내리려 합니다. 신파나마병에 저항성이 있는 유전자를 삽입한 캐번디시를 먹느냐 아니면 봉인된 유전자가 해제된 캐번디시를 먹느냐 하는 선택이 기다리고 있을 뿐이죠. 그러나 무언가 석연찮습니다. 유전자가 조작된 캐번디시가 과연 올바른 답인지 의심이 듭니다.

한 가지 품종을 대량 재배, 대량 유통하는 것이 얼마나 어리석은지 아직도 이해하지 못한 사람들은 유전자 조작이 유일한 해결책이라고 믿고 있습니다. 물론 유전자 조작 바나나로 마름병을 극복할 수 있을지 모릅니다. 그러나 그다음에는 어떻게 해야 할까요? 새로운 곰팡이병이나 병해충에 당하지 않을 것이라고 장담할 수 있을까요? 그럴 때마다 계속 유전자를 조작해서 새로운 바나나를 만들어 내면 문제는 해결되는 걸까요? 또 그런 식으로 만든 바나나가 사람이나 동물에게 안전할까요?

'바나나겟돈'이라는 말이 있습니다. 바나나와 세계 종말을 뜻하는 아마겟돈의 합성어로 바나나의 종말을 뜻합니다. 바나나는 지구 상에 1000여 종류나 있습니다. 캐번디시가 멸종한다고 해도 바나나는 멸종하지 않을 겁니다. 그런 측면에서 바나나겟돈을 언급하는 사람들은 캐번디시에 의존하는 바나나 기업과 일부 전문가들의 과도한 반응이라고 할 수 있습니다.

바나나마름병을 일으키는 곰팡이는 결국 사람이 옮긴다고 합니다. 농장의 흙 속에 있던 마름병균이 바나나를 수확하고 운반하는 사람들의 옷과 신발에 묻어 이동하는 거죠. 농장을 오가며 바나나를 유통시키는 대량 물류 시스템은 필연적으로 곰팡이를 곳곳에 퍼뜨릴 수밖에 없습니다. 단일 품종 대량 유통이라는 지금의 방식을 고집한다면 곰팡이병으로부터 바나나를 지키는 일은 불가능합니다.

유전자 조작으로 바나나를 구할 수 있다고 주장하는 것은 하나만 알지 둘은 모르는 것입니다. 지금의 생산·유통 방식에 대한 반성과 근본적인 대책 마련이 필요한 때입니다.

GMO,
누구를 위한
상품인가?

북극넙치와 토마토

GMO Genetically Modified Organism 란 유전자를 조작한 생물을 말하는데
요. 제초제를 뿌려도 말라죽지 않는 콩, 잎이나 줄기를 먹은 애벌레
의 내장을 녹여 죽이는 면화 등이 대표적인 GMO입니다. 상업적으
로 판매되는 GMO는 1994년 생명공학 기업 칼젠이 무르지 않는 단
단한 토마토인 '플레이버 세이버'를 시장에 내놓으면서 처음으로 모
습을 드러내는데요. 플레이버 세이버는 토마토를 쉽게 물러 버리게
하는 유전자를 억제하여 저장과 유통을 편하게 만든 유전자변형 토

마토였습니다. 이후 GMO는 세계 종자 시장에서 점유율 1위인 몬샌토_{2018년 또 다른 다국적 기업 바이엘이 인수}를 비롯한 많은 기업들에 의해 다양한 상품으로 개발되어 세계 곳곳에서 재배되고 있습니다.

GMO는 처음 개발된 이후 지금까지 줄곧 논란거리가 되었습니다. 특히 안전성에 대한 논쟁은 아직도 뜨겁기만 하지요. 먹어 보고 확인하면 될 일을 수십 년 동안이나 논쟁을 벌여? 이렇게 생각할 수도 있겠지만 현실은 그렇지 않습니다. 이유는 실험 대상이 사람이기 때문이지요. 법적·윤리적으로 문제가 될 수 있기 때문입니다. 또한 수년 동안 감시당하며 주기적으로 대소변을 받고 피를 뽑으며 조직 세포도 떼어 줄 헌신적인 지원자를 찾기란 정말 어렵지요.

결국 GMO를 먹어도 괜찮다고 주장하는 쪽이든 아니라고 주장하는 쪽이든 간접적인 증거만을 제시할 수밖에 없는데요. 간접적인 증거는 '유전자 가위'와 관련된 이야기가 대부분인데 관련 기술이 급격히 반전하는 바람에 GMO 개념이 복잡해지고 안전성 문제는 어느덧 전문가 수준의 논쟁이 되어 버렸지요.

하지만 GMO는 이러한 논쟁과 상관없이 우리의 식생활에 이미 깊숙이 들어와 있답니다. 예컨대 우리나라는 법으로 금지했기 때문에 GMO를 상업적으로 재배할 수 없지만 수입은 마음대로입니다. 그래서 가축 사료를 제외한 GMO의 수입량은 불명예스럽게도 전 세계 1위입니다. 우리가 일상적으로 먹는 떡볶이, 라면, 고추장, 된장, 간장, 콩기름, 과자, 케이크, 음료, 피자 등 대부분의 식품에는 이미 GMO로 가공한 식재료가 들어 있지요. 따라서 GMO의 안전성 논쟁은 이해하기 어렵지만 제대로 알아야 하는 중요한 과제가 되었습니다.

GMO의 안전성에 관한 논쟁 중 하나는 북극넙치와 토마토에 관한 것입니다. 서울과 경기도를 기준으로 이른 봄에 토마토 모종을 심으면 새벽에 서리를 맞아 생장 장애를 겪을 수 있습니다. 토마토는 아열대 작물이거든요. 서리가 내리지 않는 따뜻한 5월에 토마토를 심는 이유가 여기에 있죠. 하지만 북극의 차가운 바다에 서식하는 넙치의 유전자를 토마토에 넣으면 추운 지방에서도 재배할 수 있습니다. 낮은 온도에서 작동하는 넙치의 유전자가 차가운 공기에 노출된 토마토를 보호해 주거든요.

GMO를 반대하는 사람들은 자연 상태에서는 절대로 교배가 불가능한 물고기와 식물의 유전자를 섞었다며 강하게 반발합니다. 이들은 종간 장벽을 뛰어넘어 들어온 유전자가 사람의 몸에 장기적으로 미칠 영향을 우려하고 있지요. 이런 식으로 만들어진 GMO는 한두 가지가 아닌데요. 특히 몬샌토가 개발한 병충해 저항성 GMO 콩은 토양 세균의 유전자와 콩의 유전자를 섞은 것입니다. 즉 박테리아와 식물의 유전자를 섞은 거죠. 또 병아리 유전자 일부를 감자의 유전자에 끼워 넣기도 하고 반딧불이 유전자를 옥수수에 넣기도 하며 설치류 유전자를 식물인 담배에 넣는 등 종간 장벽을 뛰어넘는 GMO는 이제 그 종류를 헤아리기 어려울 지경입니다.

이렇게 세균과 어류, 조류, 곤충, 포유류 등의 유전자를 오려 내 식물 유전자에 이어 붙인 GMO 음식을 '프랑켄 푸드'라고 합니다. 메리 셸리의 소설 『프랑켄슈타인』의 괴물 생명체가 묘지와 도살장의 시체

메리 셸리의 소설 『프랑켄슈타인』 1831년 본에 들어간 삽화. 프랑켄슈타인이 자신의 창조물을 보고 놀라서 달아나는 장면.
GMO 음식을 '프랑켄 푸드'라고 합니다. 메리 셸리의 소설 『프랑켄슈타인』의 괴물 생명체가 묘지와 도살장의 시체 조각들로부터 탄생한 것처럼 유전자 조각들의 짜깁기로 만들어진다는 것이지요.

조각들로부터 탄생한 것처럼 유전자 조각들의 짜깁기로 만들어진다는 것이지요. GMO를 반대하는 사람들은 이것들이 장차 우리 몸과 환경을 위태롭게 할 수 있다고 경고합니다.

반면 GMO를 찬성하는 사람들은 그런 우려를 과학적 무지가 만들어 낸 허상에 불과하다고 이야기하지요. 그들은 세균과 식물, 동물에 이르기까지 지구 상의 모든 생물의 유전자를 구성하는 DNA의 구성 물질은 동일하며 유전자의 역할은 어디서나 같다고 말합니다. 즉 동일한 유전자는 그 유전자가 들어 있는 생물의 종류와 상관없이 같은 역할을 수행한다는 것이죠.

하지만 GMO를 반대하는 사람들은 이것이야말로 유전자 결정론이라며 비판합니다. 그들은 하나의 유전자가 세균에 있든 사람에 있든 같은 역할을 할 것이라고 단정짓는 것은 성급한 판단이라고 주장합니다. 유전자에 새겨진 코드는 단백질을 합성하는 암호일 뿐이며 우리 몸 안에서 어떤 역할을 할지는 유전자와 환경의 상호 작용을 고려해야 한다는 것입니다.

유전자 조작을 둘러싼 논쟁

GMO를 둘러싼 또 다른 논쟁은 GMO를 만드는 기술이 새로운 기술인가에 대한 것인데요. GMO를 찬성하는 사람들은 GMO 기술이란 원래 농사와 같기 때문에 새로운 기술이 아니며 따라서 안전하다고 주장합니다. 이미 농부는 수천 년 전부터 유전자를 변형시켜 왔다고 말이죠. 반면 GMO를 반대하는 사람들은 GMO 기술이 유전자를 직접 조작하거나 변형시키기 때문에 농사와는 전혀 다른 새로운 기술이며 따라서 안전한지의 여부를 알 수 없다고 주장합니다.

GMO를 찬성하는 사람들이 보기에 농사는 유전자를 변형시키는 과정입니다. 다 익은 알곡이 땅으로 쉽게 떨어져 수확하기 힘들었던 벼를 이삭에 단단히 매달리게 만들어 주요한 식량 작물로 길들이고, 아이들 주먹보다 작았던 사과를 어른 주먹보다 크게 만들고, 낱알이 몇 개 붙어 있지 않던 야생 옥수수자루를 어른 팔뚝만큼 크게 만든 것은 모두 유전자를 변형시켰기 때문에 가능한 일이라는 것이지요.

사실 농사는 이렇게 시작되었죠. 가장 먹음직한 야생 콩을 거두고 이 콩을 다시 심는 일은 원래 농부가 하는 일입니다. 이 일을 반복하면 농부가 원하는 콩만 남게 되는데요. 이 과정은 좋은 콩을 고르는 일이지만 사실은 유전자를 골라 모으는 작업이기도 합니다.

원하는 유전자를 선택할 수 있다는 의미에서 농사와 GMO 기술은 비슷하게 보일 수 있습니다. 그러나 농사란 씨앗을 모으는 과정에서 유전자가 선별되는 것처럼 보일 뿐, 유전자를 직접 자르고 붙이며 편집하지 않습니다. GMO를 반대하는 사람들이 보기에 GMO 기술은 1만년 이상의 역사를 지닌 농사와 같을 수 없으며 최근에야 탄생한 새로운 기술인 것입니다.

그럼에도 GMO를 찬성하는 사람들은 텃밭의 작물이든 실험실의 GMO든 유전자가 변형된 것이기 때문에 둘 간의 기술적 차이는 없다고 말합니다. 차이가 있다면 GMO는 설계된다는 것이죠. 그들은 GMO가 전혀 새로운 기술이 아니며 단지 한 단계 업그레이드된 기술이며 따라서 GMO도 안전하다고 주장합니다.

이들은 심지어 작은 세균부터 큰 고래에 이르기까지 '모든 생명은 GMO'라고 주장합니다. 예컨대 무성 생식하는 박테리아는 자신의 유전자 전부를 그대로 복제해 자손에게 나누어 주는데요. 이것을 수직적 유전자 이동이라고 합니다. 때로는 다른 박테리아로부터 유전자를 받아오기도 하는데 이것은 수평적 유전자 이동이라고 합니다. 이때 여러 종류의 항생제 내성 유전자를 받아오면 슈퍼 박테리아가 만들어질 수도 있지요.

부모에서 자식으로 전해지는 수직적 유전자 이동은 DNA 복제를 반드시 거치기 때문에 복제 오류의 가능성이 있고 이를 통해 원본 유전자와 달라질 수 있지요. 수평적 유전자 이동 또한 원본 유전자에 없는 유전자를 다른 박테리아로부터 가져오게 되면 유전자 구성이 바뀔 수 있지요. 즉 어떤 경우든 유전자 구성은 조금씩 달라질 수 있습니다.

GMO를 찬성하는 사람들은 이런 의미에서 모든 박테리아는 GMO라고 이야기합니다. 심지어 서로 다른 종의 박테리아들끼리도 수평적 유전자 이동이 가능하기 때문에 박테리아의 종간 구분은 무의미하다는 파격적인 주장도 펼칩니다. 이들은 원본 유전자와 달라지는 모든 현상을 유전자 조작으로 간주합니다.

반면 GMO를 반대하는 사람들은 이런 주장을 지나친 해석으로 봅니다. 수직적, 수평적 유전자 이동을 통해 유전자 구성이 일부 바뀌는 것은 사실이지만 그 자체가 유전자를 조작하는 과정이 아니라는 말이지요. 바뀌는 것과 조작하는 것은 차원이 다르며 따라서 원본 유전자와 달라지는 과정을 유전자 조작으로 간주하고 이를 근거로 모든 생명을 GMO로 규정짓는 것은 무리한 해석이라는 것이지요. 사실 이런 식의 논리를 적용하면 사람도 GMO가 되지요. GMO를 반대하는 사람들의 입장에서 보면 '모든 생명은 GMO'라는 주장은 인위적 조작이라는 GMO의 본질을 흐리기 위한 억지 논리에 불과합니다.

2016년 여름 다양한 분야의 노벨 수상자들 100여 명이 세계적인 환경 단체 그린피스에 공개 편지를 보냈는데요. 편지의 주요한 내용은 과학자들 사이에 GMO가 안전하다는 과학적 합의가 있으니 GMO를 반대하는 활동을 중단하라는 것이었지요. 물론 과학자들이 사회를 향해 발언하는 것은 환영받을 일입니다. 그러나 사회적 발언과 과학적 주장은 다릅니다. 또한 합의는 과학이 아닙니다. 과학자들 몇 명이 합의한다고 이것이 GMO의 과학적 안전성을 입증해 주는 것은 아니거든요. 그것이 비록 노벨상 수상자들이라 해도 말입니다. 과학은 논쟁입니다. 지금은 권위에 호소하는 비과학적 노력보다 철저한 과학적 검증과 논쟁이 필요한 때입니다.

GMO의 안전성을 과학적으로 검증하는 방식 중 하나로 독성 시험이 있습니다. 독성 시험은 식품을 먹어 보고 이상 유무를 확인하는 방법인데요. 사람을 대상으로 직접 실험하지는 못하고 쥐 같은 실험 동물에게 식품을 3개월간 꾸준히 먹이고 그 결과를 보는 것이죠. 그런데 3개월이면 24개월 정도 되는 쥐의 수명을 고려했을 때 짧은 기간이지요. 검사 기간이 이렇게 짧은 이유는 GMO를 일반 식품과 동일하게 간주하기 때문입니다. GMO를 반대하는 사람들이 검사 기간을 늘려야 한다고 주장하는 이유가 여기에 있습니다.

그나마 3개월은 유럽연합 기준으로 우리보다 낫습니다. 우리나라는 GMO를 한 번 먹인 후 14일간 관찰하는 것으로 검사를 종료하거든요. 건강 기능 식품의 경우 때로 3개월 동안 시험하기도 하는데 과학적으로나 사회적으로나 큰 논란거리인 GMO의 독성을 단 14일 만에 확인할 수 있을지는 의문입니다.

이런 논란에 종지부를 찍고자 프랑스 칸 대학의 세랄리니 연구팀은 쥐의 전 생애에 걸친 독성 시험을 실시했습니다. 200마리의 실험용 쥐를 10개 그룹으로 나눠 몬샌토의 GMO 옥수수를 각기 다른 비율로 먹이는 실험을 진행했는데요. 쥐의 평균 수명에 해당하는 2년 동안 실험한 결과 GMO 옥수수를 먹인 쥐에게서 종양과 조직 손상이 높은 비율로 발생한 것을 확인했습니다.

이에 대해 GMO를 찬성하는 사람들은 세랄리니 연구팀의 실험이 발암성 실험의 조건을 갖추지 못한 자격 미달의 실험이라고 강하게 반발했습니다. 암이 생기는지 검사하는 발암성 실험이라면 최소 암수 50마리씩 필요한데 암수 10마리씩 실험한 것은 통계적으로 의미가 없고 따라서 실험이 설계 단계부터 잘못되었다는 것이죠.

하지만 GMO를 반대하는 사람들은 세랄리니의 실험은 처음부터 독성 실험이었지 발암성 실험이 아니라고 반박했습니다. 세랄리니 자신도 암 연구가 목적이 아니었기 때문에 발암성 실험의 조건을 갖출 필요도 없다고 주장했습니다. 다만 독성 시험을 진행하던 중 쥐에게서 종양이 발견되었고 그것을 실험 보고서에 포함시킨 것뿐이라고 밝혔습니다.

한편 세랄리니 연구팀의 논문은 권위 있는 전문 학술지 〈식품 화학 독성학〉에 실렸다가 이듬해 특별한 이유 없이 강제로 철회되었는데요. 연구팀은 해당 학술지의 편집 위원 중 한 명이 다국적 기업 몬샌토에서 7년 동안 일했던 연구자였다며 논문 강제 철회와 몬샌토가 연관되어 있다고 주장했습니다.

GMO, 누구를 위한 상품인가?

GMO를 반대하는 사람들은 몬샌토를 비롯한 다국적 기업들이 미국 식품의약국FDA과 농림부 고위 관료 출신들을 대거 영입하고 이들이 다시 정부 고위직으로 임명되는 이른바 '회전문 인사'에 개입하는 이유가 GMO의 안전성 평가를 방해하려는 것이라고 믿고 있습니다. 이들은 또한 연구자들이 정부 지원금을 받지 않고 권력과 자본으로부터 독립적인 연구를 수행했다 해도 유명 과학 학술지가 이들 다국적 기업의 후원 자금에 휘둘리기 쉽기 때문에 논문이 실리지 않는 경우도 허다하다고 주장합니다.

GMO를 찬성하는 사람들은 기존 농작물과 동등하게 비교했을 때

GMO가 사람에게 더 해로운 것은 아니라고 주장합니다. 더욱이 생태계 교란을 일으키지도 않고 기후 온난화 등 환경에 덜 부담을 주며 농약 사용량을 줄이고 기아에 허덕이는 제3세계 아이들을 구할 수 있다고 주장합니다. 요컨대 GMO가 세상을 구할 수 있다는 말이지요.

GMO가 사람에게 해롭지 않다는 증거는 아직 없습니다. 기존 농작물과 비교했을 때도 마찬가지입니다. 문제는 GMO가 자연적으로 교배되는 것이 아니라 인위적으로 설계된다는 것이지요. 설계에 따라 외부에서 유전자를 강제로 삽입하거나 외부 유전자의 삽입 없이 DNA 염기 서열을 편집하기도 하죠. 그러나 유전자 가위의 성능 문제 때문에 설계 도면 그대로 만들어지는 경우는 확률적으로 적습니다. 또 하나의 유전자가 하나의 역할만을 하는 경우도 드물기 때문에 강제로 삽입되거나 혹은 편집된 유전자가 사람의 몸에서 장기적으로 어떤 역할을 할지 예상하기 어렵습니다.

설혹 GMO가 도면대로 만들어졌다 해도 그로 인한 부작용은 피하기 어렵습니다. 예컨대 특정 제초제에 저항하도록 만들어진 GMO 작물은 제초제와 한 세트가 되어 판매가 되는데 문제는 이 제초제가 사람에게 해롭다는 것이지요. 심지어 발암 물질로 의심할 수 있는 증거도 나왔습니다. 엎친 데 덮친 격으로 제초제에 내성을 갖는 잡초가 출현해 제초제와 농약 사용을 줄이기는커녕 갈수록 사용량을 늘려야 하는 역설적인 상황도 발생했습니다.

생태계 교란을 일으키지 않는다고 했지만 자연 상태에 없던 유전자가 지속적으로 퍼져 나가면 어떤 일이 벌어질지는 아무도 모릅니다. 또 석유를 덜 쓴다고 하지만 GMO는 다른 어떤 기업보다 더 많은 석유를 소비하는 다국적 기업의 주력 상품입니다. GMO를 재배하고 수확하고 보관하고 전 세계로 유통하는 모든 과정에 석유를 태우고 온실가스를 발생시킨다는 것, 이것이 진짜 현실이죠. 적어도 지구 온난화에 관한 한 GMO는 할 말이 없습니다.

GMO가 어떤 목적으로 만들어졌는지는 몬샌토가 보유한 '터미네이터 기술'을 보면 짐작이 갑니다. 터미네이터 기술이란 GMO가 씨앗을 맺지 못하게 하거나 씨앗이 생기더라도 제대로 성장하지 못하게 막는 기술인데요. 소규모로 농사짓는 사람들은 그해에 가장 좋은 씨앗을 받아 이듬해 다시 심는 방식으로 그 지역에 가장 적합한 품종을 만들어 왔지요. 하지만 터미네이터 기술은 농부들로 하여금 그러한 씨앗을 아예 받지 못하게 막습니다. 대신 자신들의 불임 씨앗만 해마다 다시 사게끔 고도의 판매 전략을 펼치지요. 기아에 허덕이는 제3세계의 주민들을 GMO로 도울 수 있다는 다국적 기업의 주장을 진심으로 받아들이지 못하는 이유는 바로 여기에 있습니다.

곧 100억에 도달할 세계 인구를 먹여 살리기 위해 증산은 필요한 상황입니다. 하지만 수확량을 빠르고 대규모로 증가시킬 유일한 방법이 유전자 조작뿐이라는 주장에는 동의하기 어렵습니다. 식량 부족은 종자나 농법의 문제가 아니거든요. GMO가 아닌 종자와 현재의 농법으로도 생산량을 충분히 늘릴 수 있습니다. 문제는 생산량이 아니라 분배에 있습니다. 식량이 남아도는 국가에도 굶주림으로 고통 받는 많은 사람들이 있다는 것이 그 결정적 증거입니다. 정의로운 분배야말로 진정한 해법인 것입니다.

GMO의 안전성 논쟁이 기술적으로 복잡해지고 이해하기 어려워질수록 사람들의 관심에서 멀어지게 됩니다. 최근에는 외부에서 유전자를 삽입하면 GMO이고 삽입하지 않은 채 유전자를 편집하면 GMO가 아니라는 주장까지 나와 많은 사람들을 혼란스럽게 합니다. 기존의 GMO 논쟁도 전문가가 아니면 참여하기 어려운 마당에 유전자 편집 기술의 발달로 GMO 개념을 새롭게 정의해야 하는 복잡한 상황이 발생한 거죠.

이미 몇몇 국가에서는 외부 유전자를 삽입하지 않고 유전자를 편집한 생명체를 GMO에서 제외하기로 결정했다고 합니다. 먹고사는 중요한 문제이니만큼 국민적 관심사가 되고 치열한 논쟁을 거쳐야 하지만 논쟁이 어려워질수록 결정은 밀실에서 이루어지게 되죠. 문제는 상황이 복잡해질수록 이득을 보는 집단은 따로 있다는 것입니다. 그것은 바로 GMO를 개발하고 판매하는 다국적 기업과 이들의 지원을 받는 연구자 그리고 회전문 인사에 관련된 고위직 관료들입니다. 논쟁이든 밀실 합의든 결과야 어찌되든 상관없이 지금도 각국에서 재배되고 세계로 더 많이 수출되고 있으니 말입니다.

GMO를 찬성하고 반대하는 것은 개인의 몫입니다. 하지만 GMO가 누구를 위한 상품인지 알아야 하는 것은 우리 모두의 몫입니다. GMO가 세상을 구할 것인지 이제 우리 모두가 지켜볼 일입니다.

3

밀집 사육,
그 예고된 비극

공장식 축산과 조류 독감

유전자의 1차 목표는 단백질 생산입니다. 사실 DNA에 새겨진 암호는 단백질을 합성하는 설계도나 다름없죠. 단백질은 대사와 면역의 핵심인 효소와 항체의 주요 성분이면서 우리 몸의 각 기관을 이루는 구성 물질입니다. 단백질은 생물의 생명 활동 그 자체일 정도로 중요한 영양소입니다. 사람도 예외가 아니죠. 농경 시대 이전의 인류는 채집 활동을 통해 필요한 열량의 대부분을 채우고 사냥을 통해 동물성 단백질과 지방을 확보했습니다. 인류 고고학에 따르면 수렵과 채집을 통한 식량 확보는 농경보다 효율적이었고 그들의 단백질 섭취량은 농경인보다 많았다는데요. 놀랍게도 일인당 단백질 섭취량이 수렵 채집인보다 많아진 시점은 비교적 최근이라고 합니다.

한 국가가 빈곤을 벗어날 때 보내는 첫 번째 신호는 육류 소비량의 증가라고 합니다. 최근 전 세계 육류 소비량을 살펴보면 중국과 인도 등 신흥국을 중심으로 크게 늘어나고 있지요. 우리나라도 1970년대를 지나면서 육류 소비량이 크게 늘었는데요. 닭고기의 경우 1인당 연간 소비량이 1970년 1.4킬로그램에서 1980년 2.4킬로그램으로 70퍼센트 증가하였고 이후로도 계속 증가세를 유지하여 2016년 13.8킬로그램에 도달하였는데 이는 1970년대와 비교해 10배 정도 늘어난 수치입니다.

육류 소비량의 증가는 전 세계 공장식 축산의 증가로 이어졌습니다. 공장식 축산의 특징은 '밀집 사육'인데요. 예컨대 산란용 닭은 대여섯 마리를 한꺼번에 집어넣은 닭장을 여러 층 쌓아올린 철망 안에서 사육됩니다. 여기서 닭들은 날개 한 번 펴 보지 못한 채 10개월 동안 매일 계란을 낳다가 도축되지요. 살아 있는 닭 한 마리에게 제공되는 면적은 A4 복사용지 한 장보다 작습니다. 서열 본능이 있는 닭을 좁은 공간에 가두면 스트레스가 이만저만이 아니죠.

심한 경우 다른 닭을 부리로 쪼아 죽이는 이른바 카니발리즘이 벌어지기도 합니다. 카니발리즘을 막는 방법은 닭의 부리 앞부분을 잘라버리는 것인데 문제는 닭의 부리가 사람의 손가락처럼 신경이 잔뜩 몰려 있어 통증이 대단하다는 것이지요. 따라서 부리를 잘린 병아리가 고통을 못 이기고 죽는 것은 이상한 일이 아닙니다. 이렇게 한 시설에 수만 마리의 닭을 몰아넣고 사육하는 비극적인 방식은 닭뿐만 아니라 소, 돼지 등 모든 가축에게 해당되는 이야기입니다. 공장식 축산은 어느덧 현대적 축산의 다른 이름이 되었습니다.

공장식 축산은 효율적입니다. 앉고 서는 것 이외의 운동을 허락하지 않는 좁은 공간은 분명 열량 소모를 줄이고 사료 효율을 극대화시켜 생산비를 절감시키고 생산성을 높이죠. 그러나 한편으론 매우 비효율적입니다. 전염병에 취약하기 때문이죠. 이 방식은 사료를 아껴 줄지 몰라도 스스로 몸을 지키는 면역력을 키워 주지 않습니다. 그래서 전염병이 돌면 속수무책으로 당하고 맙니다.

조류 독감은 이러한 공장식 축산의 약점을 파고듭니다. 조류 독감은 닭이나 오리, 칠면조 등 조류에 걸리는 급성바이러스성 전염병인데요. 감염된 닭이나 칠면조는 100퍼센트에 가까운 치사율을 보이지요. 조류 독감 중에서도 병원성이 강한 것은 시설 안의 닭을 순식간에 죽음으로 몰아갈 수 있습니다. 인근 시설로 번지는 것도 시간문제이지요. 지금 당장의 유일한 해결책은 발생 지역을 중심으로 수 킬로미터 반지름 안의 모든 닭과 오리 등 가금류를 죽여 땅에 묻는 '살처분'뿐입니다. 법이 정한 절차와 방법이 있지만 일손이 부족하다는 이유로 산 채로 묻는 경우도 허다합니다. 이렇게 살처분 되거나 생매장된 닭이 2017년 겨울에만 2600만 마리가 넘습니다. 이것이 바로 효율성을 앞세운 공장식 축산의 결과입니다. 방법이 없는 것은 아닙니다. 현재 개발 중인 백신도 있습니다. 그런데 백신은 목표했던 바이러스에 변이가 생기면 약효가 떨어지기 일쑤입니다. 해마다 그해에 유행할 바이러스 종류를 예측하는 것은 쉽지가 않죠. 백신을 맞고 운 좋게 살아남았다 해도 변형된 바이러스가 우리 몸에 들어올 가능성도 배제할 수 없습니다.

그런데 이상합니다. 마마라고 불리는 천연두는 20세기까지 수억 명의 목숨을 앗아간 무서운 바이러스성 전염병이었지만 박멸되어 연구소 표본만 남은 상태죠. 과거 치명적이던 우역 바이러스도 마찬가지로 이제 구경하기 힘듭니다. 모두 백신 개발 덕분이지요. 이처럼 바이러스를 막아 내는 강력한 도구인 백신이 조류 독감엔 왜 아무런 힘을 쓰지 못하는 걸까요? 이런 의문에 답하려면 우선 조류 독감을 일으키는 바이러스에 대해 살펴봐야 합니다.

인플루엔자 바이러스의 비밀

조류 독감의 공식 명칭은 '조류 인플루엔자Avian Influenza, AI'입니다. 조류 인플루엔자는 조류 독감을 일으키는 원인이며 인플루엔자 바이러스의 한 종류입니다. 일반적으로 바이러스는 유전 정보를 담는 물질의 종류에 따라 DNA 바이러스와 RNA 바이러스로 나누어지는데요. 두 바이러스 모두 숙주 세포 안에서 복제되지만 DNA 바이러스는 RNA 바이러스와는 달리 핵 안에서 유전자를 복제하지요. DNA 바이러스는 DNA가 복제될 때 발생하는 오류를 세포 핵 내부의 DNA

복구 시스템을 이용해 교정하기 때문에 변이체가 드물죠. 반면 세포질에서 복제되는 RNA 바이러스는 이러한 시스템을 사용하지 않기 때문에 변이체가 발생할 가능성이 높을 수박에 없지요. 바이러스의 종류에 따라 다르기는 하지만 RNA 바이러스의 변이 발생률은 DNA 바이러스에 비해 10만 배 이상 크다고 합니다. 인플루엔자 바이러스는 대표적인 RNA 바이러스입니다. 변이체의 다양성은 그만큼 다양한 백신을 요구하죠. 즉 백신 개발을 어렵게 만듭니다. 여기에 인플루엔자 바이러스는 외피막이라는 또 다른 다양성을 추가합니다.

인플루엔자 바이러스는 인지질막으로 둘러싸인 외피막을 갖고 있는데요. 이 외피막은 바이러스가 숙주 세포로 들어갈 때 사용하는 열쇠와 나갈 때 사용하는 열쇠를 각각 갖고 있습니다. 외피막 표면에 돌기처럼 솟아오른 단백질 헤마글루티닌^{HA}과 뉴라미니다아제^{NA}가 바로 그것입니다. HA는 바이러스가 숙주 세포로 들어갈 때 열쇠 역할을 하는데요. HA는 작은 비눗방울이 큰 비눗방울과 하나로 합쳐지듯이 바이러스 외피막이 세포막과 융합하여 바이러스의 유전자가 세포질로 들어가도록 도와줍니다. 반대로 NA는 증식된 바이러스가 숙주 세포를 빠져나올 때 열쇠 역할을 하는데요. NA의 역할은 세포막을 절단하여 복제된 바이러스가 세포 밖으로 빠져나와 다른 숙주 세포로 또 침투할 수 있게 해 주는 것입니다.

HA와 NA는 바이러스를 발견한 순서에 따라 H1N1 등과 같이 번호를 매기는데 지금까지 HA는 16종류, NA는 9종류가 발견되었습니다. 1918년 수천만 명의 희생자를 냈던 스페인 독감과 2009년 유행

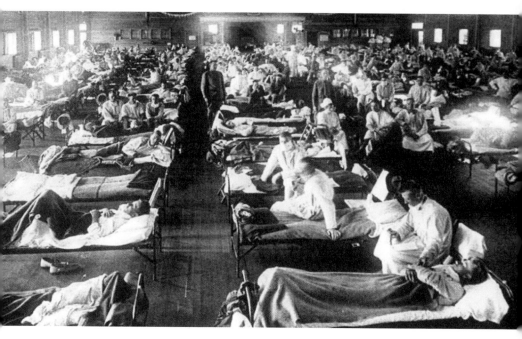

1918년 수천만 명의 희생자를 냈던 스페인 독감.
스페인 독감과 2009년 유행했던 신종 플루는 H1N1 인플루엔자 바이러스 종류였고 대부분의 조
류 독감은 H5N1 인플루엔자 바이러스 등으로 밝혀졌습니다.

했던 신종 플루는 H1N1 인플루엔자 바이러스 종류였고 대부분의 조
류 독감은 H5N1 인플루엔자 바이러스 등으로 밝혀졌는데요. 이론적
으로 인플루엔자 바이러스는 외투막의 종류에 따라 16 × 9, 즉 144
종류가 만들어질 수 있습니다.

RNA 바이러스 유전자가 복제될 때 발생하는 유전자 변이와 인플
루엔자 바이러스 외피막의 다양성은 백신 개발에 커다란 장애가 됩
니다. 여기에 더해 인플루엔자 바이러스는 돼지의 몸 안에서 새로
운 바이러스로 재편성되기 때문에 문제가 더 심각해지죠. 예를 들어

2009년 멕시코시티와 그 인근 지역을 시작으로 전 세계에 번져 나갔던 신종 플루는 조류 인플루엔자와 돼지 인플루엔자 그리고 인간 인플루엔자가 아시아 돼지의 몸 안에서 뒤섞여 생긴 잡종 변이체였습니다. 신종 플루가 초기에 '돼지 독감'이라고 불렸던 이유는 돼지가 숙주 역할을 했기 때문이지요.

일반적으로 RNA 바이러스는 하나의 기다란 RNA 가닥을 갖습니다. 반면 인플루엔자 바이러스는 대개 여덟 개의 짧은 RNA 가닥을 갖습니다. 따라서 이들 RNA 가닥은 숙주 세포 안에서 다른 바이러스의 RNA 가닥과 뒤섞이며 다양한 조합을 만들어 낼 수 있습니다. 즉 조류와 돼지, 인간의 인플루엔자 RNA 가닥이 서로 뒤섞이며 다양한 조합이 만들어지는 것이지요. 대부분의 조합은 정상적인 바이러스로 작동하지 않지만 일부 조합은 성공적으로 변신하게 되죠. 요컨대 조류를 감염시키던 바이러스가 인간도 감염시킬 수 있게 되는 것이지요. 이것은 조류 인플루엔자가 돼지라는 중간 숙주를 통해 조류에서 인간으로 확대된다는 것을 의미하며 더 이상 인간이 조류 독감으로부터 안전하지 않다는 증거이기도 합니다.

사실 고농도 상태의 바이러스가 아니라면 인간이 조류 독감에 감염될 가능성은 거의 없습니다. 조류와 포유류의 세포막에는 바이러스를 인식하는 단백질 즉 수용체가 있는데 조류와 포유류는 서로 다른 수용체를 갖기 때문에 바이러스가 종을 뛰어넘어 전파되지 않거든요. 이를 종간 장벽이라고 합니다. 대개의 조류 독감이 사람에게 위험하지 않은 이유가 여기에 있지요. 그러나 돼지는 포유류임에도 불구하고 폐세포 안에 조류 독감을 인식하는 수용체를 갖고 있습니다. 따라서 돼지의 폐는 샐러드 재료를 섞는 믹싱볼처럼 여러 인플루엔자 유전자를 뒤섞어 새로운 종류의 바이러스를 만들어 낼 수 있지요. 이럴 경우 돼지는 중간 숙주가 되기 때문에 돼지에 전염된 조류 독감 바이러스가 사람에게 옮겨 갈 수 있는 형태로 재조합될 가능성도 있습니다. 만약 치명적인 조류 독감이 전파력이 강한 다른 인플루엔자 바이러스와 뒤섞여 병원성이 크고 전파력이 강한 새로운 인플루엔자 바이러스로 재탄생한다면 고병원성의 인플루엔자 대유행을 일으킬 수도 있습니다. 그것은 아직 체계적인 방어 수단을 갖지 못한 인류에 커다란 고통을 안겨 줄 수 있습니다.

사람을 대상으로 한 인플루엔자 치료제는 항바이러스제 타미플루와 릴렌자, 이 둘이 대표적인데요. 또 다른 항바이러스제도 있지만 바이러스가 이미 내성을 가져 효과가 의심스럽다고 합니다. 타미플루와 릴렌자는 바이러스를 없애는 약이 아니라 증식을 억제하는 약이지요. 증식된 바이러스가 숙주의 세포막을 뚫고 다른 세포를 향해 탈출을 시도할 때 NA뉴라미니다아제의 기능을 방해합니다. 즉 이미 증식한 바이러스를 소탕하는 것이 아니라 다른 세포로 이동하려는 바이러스를 세포 안에 가두는 역할을 할 뿐이지요. 따라서 바이러스가 다른 세포들을 감염시키기 이전 즉 증상이 나타난 초기 48시간 안에 사용해야 효과가 있습니다.

항바이러스제는 백신이 아니기 때문에 예방용으로 사용하면 안 됩니다. 기대한 효과를 얻지 못할 뿐만 아니라 자칫 바이러스의 내성을 키울 수 있기 때문이죠. 일본에서는 이미 오래전 타미플루에 내성을 갖는 환자가 발견되었다고 합니다. 뚜렷한 치료제가 없는 상황에서 항바이러스제를 그릇되게 사용하는 것은 위험을 자초하는 일입니다.

사실 인플루엔자 바이러스는 늘 새롭게 나타납니다. 독감 예방 주사는 그래서 해마다 백신을 달리하고 있지요. 새로운 변이체가 나타날 때마다 백신을 만들 수 있지만 그때뿐이죠. 언젠가 내성이 생깁니다. 인플루엔자 바이러스를 현대 과학 기술만으로 통제하는 것은 한계가 분명해 보입니다. 따라서 인플루엔자가 발생하는 원인과 전파되는 과정을 살펴보아야 합니다. 조류 독감은 더욱 그렇지요.

철새는 죄가 없다

조류 독감을 옮기는 주범으로 정부 당국과 축산 관련 전문가들은 철새가 원인이라고 입을 모읍니다. 특정 지역에서 발생한 조류 독감이 수십, 수백 킬로미터 떨어진 곳에서도 잇따라 발생한다면 그건 철새 때문이라는 거죠. 대륙 간 전파의 원인으로도 철새를 지목합니다. 특히 겨울철 발생하는 조류 독감은 다른 곳에서 감염된 철새가 우리나라 철새 도래지로 날아들고 이곳을 찾았던 사람이 바이러스를 묻힌 채 축산 농가를 방문하면서 전파된다는 것이죠. 이런 주장 속에서 철새가 가해자이고 축산 농가는 피해자라는 이분법적 논리를 쉽게

엿볼 수 있습니다.

물론 철새가 조류 독감을 일부 전파시키는 것은 사실입니다. 그러나 이것은 철새만의 잘못이 아닙니다. 최근 십수 년간 우리나라는 4대강 사업을 포함한 전 국토의 무분별한 개발로 철새들의 도래지가 크게 줄어들었는데요. 도래지 감소에는 벼농사 방식의 변화도 한몫을 합니다. 예전에는 벼를 털고 남은 볏짚을 논에 그대로 두었지요. 논바닥도 갈아엎지 않았습니다. 그래서 논바닥에 떨어진 낱알과 볏짚에 붙은 이삭은 겨우내 철새들의 먹이가 되었지요. 볏짚은 이듬해 흙으로 되돌아가 친환경 농사의 밑거름이 되었습니다. 그러나 이제는 볏짚을 철새에게 나눠 주지도 농사에 활용하지도 않는 농민이 많아졌지요. 볏짚은 거대한 공룡알처럼 둘둘 말려 팔려 나갑니다. 곤포라 부르는 이 둥그런 볏짚 덩어리는 어느덧 겨울 논을 대표하는 풍경이 되어 버렸습니다.

무분별한 국토 개발과 논농사 방식의 변화는 결과적으로 도래지의 감소를 부르고 철새들에게 위협이 되었습니다. 오랜 비행으로 지치고 배고픈 철새들은 먹이가 남아 있는 곳으로 몰려들고 덩달아 상호 감염의 위험성도 커졌지요. 일부 철새는 먹이를 찾아 근처 양계장에 접근하기도 합니다. 먹이와 휴식처를 한꺼번에 잃은 철새들은 면역력이 떨어지고 조류 독감에 걸려 죽을 수도 있지요. 심할 경우 집단 폐사하는 경우도 있습니다. 철새가 도래지를 벗어나 양계장에 조류 독감을 옮기게 된 것은 도래지 파괴에 따른 결과일 뿐이며, 그 원인은 사람들의 무분별한 개발일 수 있습니다.

철새는 조류 독감을 퍼뜨리는 원흉이 아니라 반대로 희생자일 수 있습니다. 가축을 밀집시켜 사육하는 공장식 축사는 잦은 항생제 사용과 백신 처방으로 각종 박테리아와 바이러스의 내성을 키우고 병원성이 강한 전염병을 만들어 낼 가능성이 있지요. 조류 독감의 독성을 키우고 변종을 만들어 내는 곳이 공장식 축사일 수 있다는 말입니다. 또한 철새 도래지와 상관없는 곳에서 조류 독감이 발견되고 철새가 아직 오지 않는 계절에 상습적으로 조류 독감이 발생하는 이유도 공장식 축사에서 찾을 수 있지요. 조류 독감으로 죽은 닭이나 오리를 축사 외부에 방치하면 이곳에서 먹이 활동을 하던 철새가 오히려 조류 독감에 감염될 수 있거든요. 다시 말해 철새가 축사 내부로 조류 독감을 옮기는 것이 아니라 이미 조류 독감에 걸려 죽은 닭이나 오리로부터 철새가 희생될 수 있다는 것입니다.

더군다나 축사 안의 닭이나 오리와 접촉하는 것은 사람입니다. 조류 독감 바이러스를 묻힌 채 농장을 출입하는 사람 중에는 철새 도래지를 방문했던 사람만 있는 것은 아니지요. 조류 독감이 발생했던 농장에서 다른 농장으로 사람들이 이동하는 경우도 고려해야 합니다. 즉 닭과 계란의 유통 과정 속에서 차량을 타고 전파될 가능성도 높습니다. 이런 것을 고려하면 조류 독감 사태의 모든 책임을 오히려 희생자일 수 있는 철새에게 돌리는 것은 부당한 처사일 수 있습니다.

조류 독감은 새가 걸리는 감기 같은 것입니다. 물론 독감은 감기와 다르죠. 하지만 둘 다 바이러스가 원인입니다. 현재의 과학 기술은 감기와 독감을 완벽히 예방하거나 치료하지 못하지요. 특히 조류 독감 바이러스는 그 변이의 다양성 때문에 백신으로 해결할 수 있는 부분은 일부에 지나지 않죠. 결국 면역을 키우는 것만이 현재의 유일한 방안인데요. 평소에 잘 먹고 잘 놀고 잘 자야 하는 이유도 면역 강화 때문이지요. 이것은 사람이든 철새든 사육장의 동물이든 모두 마찬가지입니다.

실제로 2016년 연말 조류 독감으로 전국의 닭들이 신음할 때 몇몇 농가의 닭들은 조류 독감에 감염되지 않았습니다. 왜일까요? 이들은 공장식 축산에서 벗어나 있었기 때문입니다. 흙 목욕을 즐길 수 있는 넓은 야외 마당, 충분한 햇빛과 그늘, 실내 횃대와 적절한 규모의 산란장 등은 닭이 건강하게 살아가는 데 필요한 최소한의 조건인데요. 이것만으로도 닭의 면역은 크게 개선될 수 있습니다.

공장식 축산은 단백질을 향한 인간의 욕구에서 비롯된 비극일지 모릅니다. 고기를 얻기 위해 인간은 닭과 각종 동물을 시설로 옮겨올 뿐 그들의 서식 환경까지 가져오지 않습니다. 단백질을 생산하기 위해 필요한 것은 자연환경이 아니라 인위적 통제가 가능한 공간일 테니까요. 동일한 규격의 상품 생산이 가능하도록 사료 공급부터 도축까지 경제적으로 통제할 수 있는 공장식 축산이야말로 축산 기업의 입맛에 딱 맞는 시스템이지요. 단백질의 효율적 생산이 목표인 이곳에서 가축의 건강과 복지 따위는 애당초 고려 대상이 아닙니다. 그 안에서 닭은 생명이 아니라 부품에 불과하지요. 병든 닭은 불량품이고 죽은 닭은 폐기물일 뿐이죠. 살처분 또한 대량 폐기물 처리에 불과합니다.

조류 독감 사태의 원인을 반생명적인 공장식 축산 시스템에서 찾지 않고 애먼 철새 탓만 하며 자연재해로 돌리는 것은 무책임한 처사입니다. 2010년 이후 지금까지 지급된 살처분 보상비만 수조 원에 달합니다. 이 중 일부를 떼어 내 조류 독감의 원인 분석과 대안 마련에 힘을 보태야 합니다. 그것은 현재 인간에 의해 벌어지고 있는 어이없는 대량 살생을 막는 길이기도 합니다.

4

유전자 드라이브가 부르는 '침묵의 봄'

생태계를 위협하는 살충제

1962년 6월 미국의 영향력 있는 시사 주간지 〈뉴요커〉에 생물학자 레이첼 카슨의 저서 『침묵의 봄』의 요약판이 세 번에 걸쳐 연재되었습니다. 다소 문학적인 제목과는 달리 기고문은 살충제의 무분별한 사용이 곤충을 비롯한 야생 생물들을 죽음으로 내몰고 결국 봄이 와도 새들이 울지 않는 침묵의 봄을 부르게 된다고 경고했는데요. 특히 신이 내린 축복의 물질로 칭송받던 살충제인 DDT가 먹이 사슬을 통해 농축되고 사람의 건강을 해치며 환경을 파괴한다는 그의 주장은 미국 사회에 커다란 충격을 주었습니다.

DDT는 1874년 오스트리아의 대학원생 자이들러에 의해 처음 합성되었습니다. 그러나 살충제로 쓰인 것은 그로부터 60여 년이 지난 뒤였지요. 2차 세계 대전이 한창인 1941년 스위스의 화학자 파울 뮐러는 자이들러의 논문을 토대로 DDT를 재발견하고 살충제로 특허 출원했습니다. 그즈음 가성비 높은 살충제를 원하던 농민들의 이해와 맞아떨어진 DDT는 농업 분야에 급속도로 확산되기 시작했습니다.

20세기 초 화학 비료의 보급으로 가능해진 대규모 경작은 재배 작물의 획일화와 농장 생태계의 단순화를 불러와 해충이 창궐할 수 있는 원인을 제공했는데요. 해충 피해는 해마다 늘어 가고 농민들의 시름 또한 깊어졌습니다. 당시 많은 농민들은 여러해살이풀인 제충국을 알코올로 우려낸 피레트린 성분을 살충제로 사용했는데요. '벌레를 죽이는 국화'라는 이름에서 알 수 있듯이 제충국은 화학 살충제가 나오기 전까지 강력한 천연 농약 역할을 했지요. 그러나 피레트린은 안전하고 만들기가 쉽지만 가격이 비싸고 무엇보다 생산량이 적어 구하기 힘들었지요. 특히 2차 세계 대전으로 유통망이 막힌 뒤로는 공급 여건이 더욱 나빠졌습니다. 뮐러가 피레트린보다 광범위한 살충 효과를 가지면서도 쉽게 분해되지 않는 화학 물질을 찾아낸 것은 바로 이때였습니다. 뮐러가 일하던 스위스 회사로부터 DDT 샘플을 건네받은 미국은 그 효과를 확인한 직후 태평양 전선으로 DDT를 보내 말라리아로부터 미군을 구제했습니다.

DDT는 모기를 퇴치함으로써 수많은 병사와 민간인의 목숨을 구했으며 전쟁의 승패에도 깊숙이 개입했습니다. 1944년 〈타임〉지는 2차 세계 대전의 가장 위대한 과학 발견 중의 하나로 DDT를 꼽았으며 〈뉴스위크〉지는 혈장, 페니실린과 더불어 2차 세계 대전이 낳은 3대 의학 발견 중 하나라고 격찬한 바 있지요. 이러한 공로에 힘입은 뮐러는 1948년 노벨 생리의학상을 수상하게 됩니다.

DDT는 모기뿐만 아니라 농작물에 피해를 입히는 거의 모든 곤충에 효과를 보입니다. 거기다가 햇빛에도 안정적이어서 야외에서 오랫동안 살충 효과가 지속됩니다. 더욱이 논밭의 토양에 침투한 DDT의 반감기는 30년도 넘을 수 있기 때문에 한 번 DDT를 살포한 농장은 오랫동안 살충 효과를 볼 수 있지요. 확실한 살충 효과와 안정적인 구조 그리고 인체에 해롭지 않다는 판단이 더해지면서 세계 대전 이후 미국은 민간 판매를 허용합니다. 곧 DDT를 홍보하는 광고가 TV에 실리고 마당의 잔디와 집안 벽지뿐만 아니라 아기 침대에도 DDT가 뿌려졌지요. DDT는 한국 전쟁 당시 창궐하던 이와 벼룩을 퇴치하고 농산물의 생산량 증가에도 기여한 바 있으며 2차 세계 대전 이후 30년 동안 세계적으로 사용된 DDT의 양은 무려 200만 톤에 달했습니다.

하지만 DDT의 사용은 광범위한 부작용을 낳았습니다. DDT는 해충뿐만 아니라 먹이 사슬에 있는 천적의 씨를 말리고 생태계를 위협했습니다. DDT의 무차별적인 공격은 곤충과 물고기는 물론 새들마저 죽음으로 몰아 넣었습니다. DDT에 오염된 벌레를 잡아먹은 새의 알껍데기는 유난히 얇고 쉽게 깨지면서 새끼는 부화하지 못한 채 죽습니다. DDT가 대량 살포되던 당시 최상위 포식자 중 하나인 대머리독수리의 개체 수가 줄어든 것은 그러한 사례 중 하나입니다.

조류는 생리 구조가 곤충과 달라 DDT의 영향을 적게 받을 것이며 따라서 덜 해로울 것이라고 예상하는 것은 순진한 생각일지 모릅니다. 조류와 같은 척추동물에 속하는 사람도 마찬가지일 수 있지요. 한편 DDT는 자연에 존재하지 않는 합성 물질이라 이것을 분해할 미생물이 없는데요. 물에 녹지도 않고 몸 밖으로 배출되지도 않으며 먹이 사슬을 따라 상위 포식자의 지방 조직에 농축됩니다. 최근에 DDT는 남극의 아델리펭귄의 지방 조직에서 발견되고 산모의 모유 속에서도 검출된 바 있습니다.

〈뉴요커〉지에 연재되었던 카슨의 글 '침묵의 봄'은 같은 해 9월 책으로 출간되어 세계적인 베스트셀러에 오르고 보존 개념에 머물러 있던 대중의 인식을 환경주의라는 새로운 장으로 이끌면서 세계적으로 환경운동을 일으켰습니다.

1972년 미국은 DDT의 사용을 전면 금지했습니다. 이후 멸종 위기에 몰렸던 대머리독수리의 개체 수가 복원되고 사람들 마음속에 생태계의 중요성이 각인되었지요.

카슨의 바람대로 DDT의 사용은 대부분 금지되었지만 지금 세상은 그 어느 때보다 살충제를 많이 사용하고 있습니다. 네오니코티노이드 살충제는 그중 하나일 뿐입니다. 네오니코티노이드는 DDT와 마찬가지로 곤충의 신경계에 작용하는 살충제인데요. 벼룩잎벌레 등 농작물에 피해를 입히는 작은 곤충을 선택적으로 죽이며 포유

네오니코티노이드 살충제는 꿀벌에게도 안전한 살충제로 인식되어 대량으로 살포되었으나 2006년 미국에서 꿀벌이 떼죽음 당한 군집 붕괴 현상이 목격되면서 그 배후 원인으로 의심받기 시작했습니다.

류에 대한 독성이 낮고 DDT등 기존 살충제보다 환경에 대한 피해가 적은 것으로 알려져 현재 가장 많이 사용하고 있는 살충제 중 하나입니다. 심지어 꿀벌에게도 안전한 살충제로 인식되어 대량으로 살포되었으나 2006년 미국에서 꿀벌이 떼죽음 당한 군집 붕괴 현상이 목격되면서 그 배후 원인으로 의심받기 시작했습니다.

연구 결과 네오니코티노이드는 꿀벌을 직접 죽이지는 않지만 꿀벌의 방향 감각과 의사소통 능력을 상실시키는 것으로 밝혀졌습니다. 신경계가 망가진 꿀벌은 술에 취한 사람처럼 길을 잃거나 동료와 의사소통하지 못하게 되는 것이지요. 집으로 돌아오지 못한 꿀벌이 증가하면서 많은 꿀벌 군집이 붕괴되었습니다. 꿀벌 군집의 감소는 농작물 생산량에 심각한 영향을 줍니다. 꿀벌이 작물과 작물 사이를 오가며 옮겨 주는 꽃가루의 양은 실로 어마어마하지요. 아인슈타인의 경고처럼 꿀벌이 사라진다면 인류도 4년 이내에 사라질지 모릅니다. 꿀벌 감소에 위기감을 느낀 유럽은 2018년 말부터 네오니코티노이드 계열의 살충제에 대한 실외 사용을 전면 금지하기로 합의했습니다. 이 결정으로 유럽은 해당 살충제의 실내 사용만 가능해졌습니다.

반면 네오니코티노이드에 대한 우리나라 농업 전문가들의 대응은 대단히 소극적입니다. 살충제를 씨앗에 묻혀 사용하는 유럽과 달리 우리나라는 물에 섞어 희석해 사용하기 때문이라고 하는데요. 사용법이 다르면 평가법도 다르고 대응 방안도 달라진다는 것이 관련 전문가들의 주장입니다만 네오니코티노이드만큼 가격 대비 성능이 뛰어난 살충제를 구하기 어렵다는 경제적인 이유가 크게 작용하는 것으로 보입니다.

생태계 파괴 농사법은 이제 그만

살충제는 한 사람당 경작 면적을 늘리고 노동 생산성을 높였습니다. 그러나 부작용도 크지요. 살충제에 내성이 생긴 새로운 개체들이 나타났기 때문인데요. 논밭을 우연히 방문했거나 혹은 여기에 서식지를 두는 곤충들은 대부분 살충제를 맞아 죽었지만 일부 살아남은 개체는 번식에 성공하고 살충제 내성 유전자를 퍼뜨렸습니다. 이들은 살충제를 분해하는 유전자의 복제를 늘리거나 독성 물질을 몸 밖으로 신속하게 배출하고 살충 성분이 들어오지 못하게 외피를 두껍게 하는 등의 방식으로 살아남았습니다. 심지어 살충제가 살포되기 전에 이를 알아차리고 도망치는 개체들도 있었지요. 이들을 잡으려면 예전에 뿌리던 살충제 양으로는 어림도 없게 되었습니다. 살충제 살포량은 날이 갈수록 크게 늘어났지요. 농민들의 건강을 위협하는 것뿐만 아니라 생태계 파괴로 이어졌습니다.

흙을 망가뜨리고 생태계를 파괴하는 방식의 농사는 오래가지 못합니다. 살충제를 사용하면 당장은 생산량이 늘어날지 몰라도 생물 다양성을 해치고 일부 해충만 득세하는 비정상적인 생태계를 조성하지요. 그러면 살충제 살포량을 늘려야 하고 생태계는 더욱 망가지는 악순환에 빠지게 됩니다. 살충제는 문제의 해결이 아니라 원인입니다.

최근 일부 살충제 기업은 빅 데이터와 인공 지능을 도입하여 합성 농약을 덜 사용하는 방법으로 그 피해를 최소화시키려 합니다. 과거에는 해충 피해가 발생하면 농장 전체에 살충제를 살포했지만 이제는 인공위성으로 분석하고 드론으로 피해 지역만 소량 살포하는 것이 가능하다는 것이지요. 하지만 아무리 적게 뿌린다 해도 살충제는 살충제일 뿐입니다. 사람의 몸 안에서 잘 분해되지 않는 화학 성분은 위험할뿐더러 토양을 황폐화시키고 다양한 생물들의 서식지를 파괴할 수 있습니다. 기술이 아무리 발달해도 살충제의 독성과 부작용까지 없애지 못하지요. 과거 어떤 공무원이 "농약은 과학이다. 그러니 안전하다"라고 이야기했다지만 그것은 전혀 과학적이지 않은 발언입니다. DDT가 그랬듯 네오니코티노이드 살충제 또한 그것을 증명하니까 말입니다.

최근 사용량을 늘리고 있는 살충제가 또 있습니다. 한때 비 내리듯 논밭에 뿌렸다던 DDT를 비롯해 모든 살충제는 방제하고자 하는 곤충을 향해 살포하는 것이 기본이지요. 그러나 BT균^{바실루스 투린기엔시스}은 뿌리지 않고도 살충 효과를 거두는 살충제입니다.

사실 BT균은 특정한 곤충의 애벌레를 죽이는 토양 박테리아의 일종인데요. BT균의 유전자가 만들어 내는 독성 단백질은 애벌레의 내장에 구멍을 뚫기 때문에 생물학적 살충제로 오랫동안 사용되었습니다. 그러나 사용법이 까다로워 상업화시키지 못하고 있었지요. 그러다가 20세기 후반 다국적 기업 몬샌토가 BT균의 독성 유전자를 식물의 몸체 안에 집어넣은 유전자 변형 옥수수^{BT 옥수수}와 면화^{BT 면화} 등을 개발했습니다.

살충 유전자를 품은 식물의 잎은 농장의 애벌레를 효과적으로 죽였기 때문에 살충제를 시시때때로 뿌릴 필요가 없습니다. 세계적인 면화 생산지인 인도에서는 90퍼센트 이상에 달하는 지역에서 BT 면화를 재배할 정도로 널리 재배되고 있다고 합니다. 하지만 살충 유전자에 죽는 곤충이 있으면 그렇지 않은 곤충이 있는 법. 장을 뚫는 독성 유전자에 내성을 가진 곤충이 나타나 그 효과가 반감되기 시작했습니다. BT 면화가 해충을 줄이기는커녕 더 늘리고 있는 것이지요. 농민들은 내성이 생긴 해충을 제거하기 위해 살충제를 뿌려야 했습니다. 그 결과 농장의 생물들이 초토화되고 먹이 그물이 작동하지 않는 기형적인 생태계 공간으로 변질되고 있지요. 앞서 이야기했던 살충제의 악순환이 시작되었음은 두말할 필요도 없습니다.

살충제를 작물 주변에 뿌리든 작물의 몸체 안에 넣든 살충 분자는 다양한 생태계 구성원들의 삶과 서식지를 파괴합니다. 해충은 물론 크고 작은 곤충들과 상위 포식자인 새들마저 사라지게 만들고 장기적으로 생태계를 침묵시킬 수 있지요. 하지만 살충제의 피해는 어떻게 보면 일시적입니다. 비록 흙과 사람의 몸 안에 분해되지 않는 화학 물질을 수백 년 이상 남길 수 있지만 영원하지는 않지요. 살충제가 분해되어 사라지면 생태계는 오랜 시간을 두고 서서히 회복될 것입니다. 그러나 해충을 제거시키는 또 다른 방식 이를테면 '유전자 드라이브Gene Drive'는 살충제보다 위험할 수 있습니다.

살충제보다 무서운 '유전자 드라이브'

유전자 드라이브는 곤충을 유전적으로 변형시켜 박멸하는 기술입니다. 일반적으로 유성 생식하는 생물은 부모 양쪽으로부터 염색체를 절반씩 받아 오기 때문에 어떤 유전자를 받아 올 확률은 평균적으로 50퍼센트가 되는데요. 유전자 드라이브는 이보다 높은 확률로 말라리아 내성 유전자, 불임 유전자 등을 야생 생물 집단에 빠르게 밀어 넣을 수 있습니다. 하지만 특정 지역에 불임 유전자를 퍼뜨려 생물종을 멸종시키는 것은 물론 생태계를 교란시키고 다른 생물종의 유전자마저 변형시킬 우려가 있습니다. 따라서 생태계에 씻을 수 없는 상처를 남길 수 있다는 점에서 성급한 상업화가 우려되며 강력한 규제가 요구되는 기술이기도 하지요. 그럼에도 불구하고 뛰어난 살충 능력 때문에 유전자 드라이브는 특히 말라리아나 지카 바이러스 등 모기가 옮기는 전염병을 퇴치할 수 있는 대안으로 떠오르고 있습니다.

유전자 드라이브는 살충제처럼 모기를 직접 죽이지는 않지만 개체군의 씨를 말리는 식으로 모기 집단을 박멸합니다. 방법은 불임 유전자와 유전자 가위를 함께 갖는 유전자 변형 수컷 모기를 만드는 것인데요. 여기서 유전자 가위의 역할은 유전자가 변형된 수컷이 정상적인 암컷과 교미하여 수정란을 만들 때 임신과 관련된 유전자를 잘라 내고 그 자리에 불임 유전자를 삽입하는 것입니다. 이런 과정을 거쳐 나온 다음 세대의 모기는 불임이 됩니다. 즉 모기 알에서 부화한 암컷 모기는 정상적으로 알을 낳을 수 없으며 수컷 모기 또한 정상적인 암컷과 교미하여 불임 유전자를 야생 개체군에 계속 퍼뜨리는 것이지요.

불임 유전자를 탑재한 유전자 드라이브는 특정 지역의 야생 모기 개체군을 기술적으로 빠르고 효과적이며 비교적 저렴한 비용으로 멸족시킬 수 있습니다. 최근에는 말라리아 기생충에 저항하는 유전자를 발견하여 유전자 드라이브에 탑재하는 기술도 개발되었다고 합니다. 이제 유전자 드라이브를 걸면 말라리아를 일으키는 모기든 농작물을 해치는 곤충이든 박멸하고 통제하는 것은 어렵지 않게 되었지요.

그러나 여기에는 문제가 있습니다. 즉 특정 지역에서 모기를 멸종시키는 것은 생태계를 위협하는 행위입니다. 모기는 꿀벌, 나비와 마찬가지로 꽃과 꽃을 오가며 열매를 맺게 하는 수분 매개자 역할도 하지요. 또한 유충이나 성체 모두 먹이 그물에서 중요한 역할을 합니다. 모기의 애벌레인 장구벌레는 물고기, 물방개를 비롯한 수중 생물의 먹이 자원이지요. 특히 연못과 습지에 서식하는 딱정벌레의 일종인 잔물땡땡이의 유충은 장구벌레를 매일 수백 마리씩 먹는 천적이지요. 모기 성체 또한 각종 새와 박쥐, 잠자리 등과 먹이 사슬 관계에 있습니다. 비행술이 뛰어난 잠자리는 모기를 하루에 수백 마리 이상 잡아먹지요. 만약 유전자 드라이브를 걸어 야생 모기 개체군이 갑자기 감소하면 잔물땡땡이나 잠자리가 줄어들고 그 충격이 먹이 그물 전체로 전해질 것입니다. 새들까지 타격을 받을 것이고 '침묵의 봄'이 찾아올 수도 있는 것이지요.

물론 말라리아는 퇴치해야겠지요. 2006년 세계 보건 기구가 아프리카 등 일부 국가에 DDT의 실내 사용을 허가한 것이며 구호 단체들이 물웅덩이를 메우고 살충제를 발라 놓은 모기장을 공급하는 이유는 여기에 있습니다. 그러나 이것은 모두 임시방편일 뿐, 근본적인 해결책이 아니지요. 말라리아모기가 갑자기 늘어난 이유를 찾는 것은 그래서 중요합니다. 예컨대 말라리아모기가 서식하는 물웅덩이가 숲을 밀어내고 대규모 농장을 조성하는 과정에서 생겨났는지 아니면 기존의 주거 환경이 바뀌면서 만들어졌는지 확인해야 하지요.

또한 해발 고도가 높은 고원 지역에서 말라리아 피해가 급증한다면 지구 온난화도 의심해 봐야 합니다.

유전자 드라이브를 야생에 적용시키고 상업화하는 것은 그다음이지요. 이것은 문제 해결을 위한 과학 기술을 연구하고 개발하는 것이 불필요하다는 것을 말하는 것이 아닙니다. 그러나 과학 기술이란 눈앞의 문제만 해결할 뿐. 근본적인 대책을 세우는 데 미숙합니다. 오히려 한 가지 문제를 해결하면서 동시에 새로운 문제를 일으키는 데 익숙하지요. 특히 생태계에 관한 한 우리의 지식은 빈약하기 이를 데 없습니다.

예컨대 우리가 불임 유전자를 탑재한 유전자 드라이브에 시동을 걸어 농작물을 해치는 잎벌레나 톡톡이 등을 제거한다면 어떻게 될까요? 불임 유전자가 다른 생물종으로 들어가지 않는다는 확실한 증거 없이 유전자 드라이브를 밀어붙이면 어떤 일이 벌어질까요? 유전자 드라이브를 가동시키다 부작용이 발견됐다면 우리가 이것을 멈춰 세울 수 있을까요? 불임 유전자가 도미노처럼 연쇄 반응을 일으키며 자연 생태계를 폐허로 만들 때 우리는 무엇을 할 수 있을까요? 유전자 드라이브로 작은 곤충 몇 종류를 멸종시키는 것이 큰일이 아니라고 생각할지 몰라도 이것이 미래 생태계에 어떤 영향을 미칠지 우리는 모릅니다.

질병을 막기 위해, 농작물을 보호하기 위해 생물종을 멸족시키고 생태계를 통제하는 데에만 집중하면 해충 퇴치라는 1차 목표를 거둘 수 있을지 몰라도 이들이 사라짐으로써 생기는 2차 효과와 그로부터 파생되는 3차 효과를 알 수 없습니다. 지금 당장은 아무 이상이 없어 보여도 시간이 지나 역효과가 나타날지 아무도 모르지요. 가장 큰 문제는 자연 생태계에 발생하는 문제를 해결할 힘이 우리에게 없다는 것입니다.

『침묵의 봄』에서 레이첼 카슨은 '생명의 정교한 그물망'의 어느 지점에서든 교란이 벌어지면 그 떨림이 그물망 전체로 퍼진다고 이야기했습니다. 생태계는 작은 충격에도 민감하게 반응할 수 있다는 것이지요. 소똥구리가 멸종 위기에 처한 이유가 풀이 아닌 공장 사료를 먹은 소의 똥을 굴릴 수 없기 때문이라는 웃지 못할 이야기에서 알 수 있듯이 우리가 의도하지 않은 사소한 행동들이 생태계 그물망의 미묘한 떨림이 될 수 있지요. 유전자 드라이브는 생태계에 떨림을 주는 정도가 아니라 생태계 자체를 폐허로 만들 수 있는 위험한 기술입니다.

레이첼 카슨이 진정 바랐던 것은 살충제를 DDT에서 네어니코티노이드로 또 BT균으로 바꾸는 것이 아니었습니다. 수십 년 전 살충제 시장에서 퇴출된 DDT를 소환해 면죄부를 주거나 생태계를 침묵시킬 수 있는 유전자 드라이브를 가동시키는 것은 더더욱 아니었지요. 그는 살충제 사용을 줄일 수 있는 시스템의 구축을 바랐던 것입니다.

생태계 구성원을 함부로 박멸하거나 멸종시키는 것은 또 다른 문제를 일으킬 수 있습니다. 과학 기술로 모든 것을 통제할 수 있다는 오만함을 버리지 않는다면 우리는 과학 기술의 덫에서 영원히 빠져 나오지 못할 것입니다. 기술에만 의존하지 않고 자연 생태계의 힘을 빌리는 것. 그래서 해충의 숫자를 적절히 조절하는 시스템을 구축하는 것만이 유일한 해결책입니다. 그렇게 하지 않는다면 침묵의 봄은 언제든 귀환할 것입니다.

3장 생물학,

주문을
외우다

안타깝지만, 자연은 노화를 선택했다

다면 발현 유전자와 노화

어느 날 냇가에서 한 젊은이가 숯을 씻고 있었습니다. 이를 본 백발노인이 젊은이에게 왜 숯을 씻느냐고 물었습니다. 젊은이는 이렇게 대답했습니다. "숯을 하얗게 만들려고 합니다." 그 말에 노인은 기가 막힌다는 듯 혀를 차며 "내가 삼천갑자나 살았지만 숯을 하얘지게 하려고 물에 씻는 놈은 처음 봤네"라고 말했습니다. 그러자 젊은이가 벌떡 일어나 노인을 포박했습니다. 알고 보니 젊은이는 저승차사인 강림도령이었는데 노인은 그 유명한 삼천갑자 동방삭이었습니다.

한 갑자가 60년에 해당하니 이때 동방삭의 나이는 무려 18만 살이었다고 합니다.

불로불사를 향한 사람들의 욕망에는 끝이 없습니다. 설화 속의 인물 동방삭뿐만 아니라 숱한 역사적 사실들이 그것을 말해 주지요. 제주도의 서귀포라는 지명은 진시황의 명을 받은 서불이라는 사람이 불로초를 찾다 포기하고 '서쪽으로 돌아간 포구'라는 말에서 유래했습니다. 한나라 황제 한무제 또한 불로불사의 선약을 원했지만 그 꿈을 이루지 못하고 한 줌의 흙으로 돌아갔습니다. 이처럼 생로병사라는 자연의 섭리 앞에 자신만은 예외이고 싶었던 절대 권력자들 또한 다른 사람들과 마찬가지로 늙고 병들었으며 죽어 갔습니다.

생물학적으로 노화란 나이가 들면서 신체 기능의 효율이 떨어져 사망할 가능성이 높아지고 성공적으로 번식할 확률은 줄어드는 현상입니다. 살아 있는 생물은 외부와 차단된 닫힌 공간에서 독립적으로 살아갈 수 없으며 외부와의 접촉을 통해 물질과 에너지를 계속 교환해야 하지요. 원리적으로는 주변 환경에서 양분과 에너지를 끊임없이 얻고 노폐물을 배출할 수 있다면 영원한 생존도 가능합니다. 그렇지만 세균을 포함한 모든 생물은 반드시 노화하지요. 살아 있는 세포가 생활사의 예정된 시기에 노화하고 죽음을 맞이하는 것은 모든 생물의 공통점입니다.

노화의 원인을 밝힌 이론들은 많습니다. 특히 노화의 진화 이론은 진화론적 입장에서 노화 현상을 다룹니다. 여기서 노화는 자연 선택의 결과가 아니고 자연의 무관심에서 비롯된다는 것인데요. 사실 자연선택은 노화보다 번식에 관심을 두지요. 예컨대 유전자는 자손을 통해 전달됩니다. 자손을 많이 낳을수록 유전자를 더 많이 퍼트릴 수 있지요. 번식에 성공하는 것은 그래서 중요합니다. 번식에 도움이 되는 유전자는 자연 선택에 의해 더 많이 살아 남지요.

문제는 번식을 목표로 생식기를 만들고 건장한 체격과 임신을 가능하게 했던 유전자가 삶의 후반부에는 노화의 원인이 될 수 있다는 것입니다. 번식에는 도움을 주지만 이 시기가 지난 뒤 노화를 일으키는 유전자는 스무 살 무렵에는 확인할 수 없지요. 자연 선택은 번식에 도움되는 유전자를 선택할 뿐 이것이 암을 비롯한 각종 노화와 관련된 유전자인지 아닌지 젊을 때에는 알지 못하며 사실 별 관심도 없습니다.

진화 생물학자 조지 윌리엄스의 '다면 발현 가설'은 이러한 관찰에 이론적 바탕을 둡니다. 다면 발현은 한 유전자가 두 가지 이상의 효과를 갖는 것인데요. 다면 발현 유전자는 동전처럼 앞뒤가 다른 유전자입니다. 삶의 전반부에는 이롭지만 삶의 후반부에는 해로운 그런 유전자이지요.

다면 발현 가설의 적절한 예로 남성 호르몬의 일종인 테스토스테론의 분비를 촉진하는 유전자를 들 수 있습니다. 테스토스테론은 남자 아이가 빠르게 성장하고 건장한 체격을 갖게 만들어 생존을 유리하게 만들지만 나이가 들면 거꾸로 생존을 위협하죠. 과다 분비된 테스토스테론은 나이를 먹을수록 전립선암 발병 위험이라는 부정적 효과를 드러내지요. 그럼에도 불구하고, 테스토스테론 분비를 촉진하는 유전자는 젊은 시기에 자손을 더 많이 볼 수 있다는 번식상의 이득이 늙은 시기에 수명이 짧아질 수 있다는 생존상의 손실보다 훨씬 크기 때문에 자손을 통해 널리 퍼질 수 있습니다.

또 다른 예는 수사슴의 수명입니다. 수사슴은 암사슴보다 일찍 죽는데요. 수사슴은 암사슴의 선택을 받기 위해 많은 에너지를 소모하는데 대개는 어린 시절에 사용 가능한 에너지 중 상당량을 멋진 뿔과 커다란 몸을 만들기 위해 소비한다고 합니다. 삶의 전반부에 허비한 에너지 덕분에 암사슴의 선택을 받은 수사슴은 자신의 다면 발현 유전자를 널리 퍼뜨리는 데 성공하지만 삶의 후반부에 때이른 노화와 짧은 수명이라는 값비싼 청구서를 받게 되지요.

노화를 늦추고 생명을 연장시켜 주는 형질은 번식이 가능한 나이가 지난 뒤에야 비로소 확인 가능합니다. 자연 선택은 설사 나중에 값비싼 대가를 치르는 한이 있더라도 삶의 이른 시기에 이로운 효과를 나타내는 다면 발현 유전자를 선호합니다. '값비싼 대가'는 나이가 들수록 누적되다가 거의 같은 시기에 모든 신체 부위가 퇴화하는 현상 즉 노화로 나타나죠. 물론 다면 발현 유전자는 노화 유전자가 아닙니다. 노화 또한 자연 선택의 직접적인 대상이 아니지요. 하지만 다면 발현 유전자를 선택한 결과로 삶의 후반부에 노화가 필연적으로 발생한다는 의미에서 생물의 노화는 자연 선택에 의해 설계되었다고 할 수 있습니다. 다시 말해 자연은 노화를 선택한 것입니다.

노화의 시계를 되돌릴 수 있을까?

노화는 막을 수 없습니다. 그러나 의학적으로 노화를 늦추는 것은 어느 정도 가능하죠. 노화를 일으키는 원인이 다양한 만큼 그 해결법 또한 다양합니다. '노화 시계'로 불리는 텔로미어 telomere에 대한 연구는 그중 하나입니다.

텔로미어는 그리스어로 '끝'을 뜻하는 '텔로스'와 '부분'을 뜻하는 '메로스'에서 유래한 말로 염색체의 양쪽 끝에 붙어 있는 특정한 DNA 염기 서열을 가리킵니다. 염색체의 끝부분은 효소들의 공격을 받아 망가지기 쉬운 부분인데요. 텔로미어는 신발 끈이 풀어지지 않도록 끝에 붙인 짧은 빨대 모양 플라스틱처럼 염색체를 효소로부터 보호하는 역할을 하지요. 텔로미어는 특별한 유전 암호를 담고 있지 않습니다. 즉 단백질 합성과 상관없는 의미 없는 DNA 염기 서열을 수십 번에서 수백 번 이상 반복하는 구조를 갖는데, 진핵생물의 텔로미어 염기 서열은 거의 비슷합니다. 예컨대 사람이나 쥐를 포함한 척추동물과 붉은빵곰팡이의 텔로미어는 TTAGGG라는 염기 서열을 반복하고 애기장대십자화과의 두해살이풀는 TTTAGGG를 반복하지요. 텔로미어의 길이는 생물종마다 다른데 효모의 경우 300~600개, 사람의 경우 수천 개 이상의 염기를 갖습니다.

텔로미어는 일종의 타이머로 세포 분열이 가능한 횟수를 알려 줍니다. 세포 분열을 할 때마다 조금씩 짧아지는데요. 사람의 경우 한 번에 50~100개의 염기가 사라진다고 합니다. 텔로미어가 지나치게

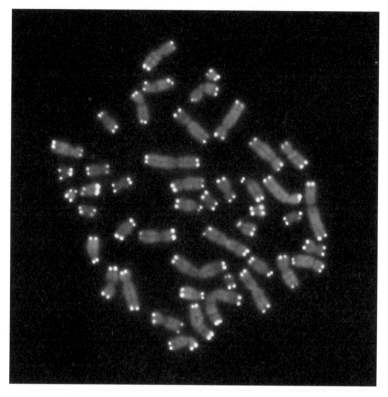

미국국립보건원NIH 산하 국립암연구소가 제공한 인간의 46개 염색체의 모습. ⓒ연합뉴스
각 염색체 끝에 보이는 것이 텔로미어입니다. 텔로미어는 그리스어로 '끝'을 뜻하는 '텔로스'와 '부분'을 뜻하는 '메로스'에서 유래한 말로 염색체의 양쪽 끝에 붙어 있는 특정한 DNA의 염기 서열을 가리킵니다. 상당수의 연구자들은 이 텔로미어에 수명과 암에 관련된 비밀이 숨겨져 있을 것으로 보고 있습니다.

짧아지면 세포 분열이 정지되고 세포는 사멸하게 됩니다.

생물은 자신이 속한 종의 평균수명을 견딜 만큼 충분한 길이의 텔로미어를 갖고 태어납니다. 그러나 예외도 있습니다. 최초의 체세포 복제 포유동물인 돌리는 첫 번째 생일을 맞이할 무렵 세포의 나이는 이미 여섯 살을 넘겼는데요. 이유는 돌리에게 체세포를 떼어 준 어미 양의 나이가 여섯 살이었기 때문입니다. 수십 번의 세포 분열을 거치면서 짧아진 텔로미어를 어미 양으로부터 그대로 받아 온 돌리는 여섯 살의 나이로 태어난 것과 마찬가지였지요. 그리고 양들의 평균 수명인 12년에 훨씬 못 미치는 7년을 살다가 죽었습니다.

돌리에게 닥친 단명의 원인 중 하나는 텔로미어에 있습니다. 즉 어미 양의 체세포를 바탕으로 돌리가 만들어졌을 때 텔로미어가 짧았던 것입니다. 다시 말해 여섯 살이었던 어미 양의 나이가 텔로미어에 고스란히 기록되어 있던 것이지요.

물론 모든 체세포 복제 동물에서 이런 현상이 관찰되는 것은 아니라고 합니다. 개나 생쥐는 체세포가 복제될 때 텔로미어의 길이가 더 길어지는 경우도 있다고 하니까요. 텔로미어의 길이는 종마다 다르기 때문에 텔로미어가 길다고 무조건 장수하는 것은 아닙니다. 다만 텔로미어가 짧아질수록 세포가 분열할 수 있는 횟수가 적어지며 이것이 노화의 원인이 될 수 있습니다.

어떤 삶을 살 것인가

노화를 막는 방법 중 하나는 텔로머라아제Telomerase를 이용하는 것입니다. 텔로머라아제는 텔로미어의 길이를 늘리는 효소인데요. 텔로머라아제를 활성화시켜 사람의 피부 세포와 근육 세포에 있는 텔로미어의 길이를 10퍼센트 정도 늘리는 실험이 성공한 적이 있습니다. 덕분에 피부 세포는 분열 횟수가 28회, 근육 세포는 3회가 늘어났다고 하는데 이를 사람 수명으로 바꿔 계산하면 약 10년 정도 노화를 막을 수 있다고 합니다.

또 텔로머라아제를 잘 이용하면 암도 정복할 수 있다고 합니다. 암세포는 정상 세포가 잘못되어 세포 분열을 멈추지 않는 세포인데요. 암세포의 85퍼센트는 텔로머라아제를 갖는다고 합니다. 만약 텔로머라아제 기능을 막을 수 있다면 암세포의 세포 분열을 억제할 수 있을 것입니다. 최근 텔로머라아제의 분자 구조를 완전히 알아냈기 때문에 텔로머라아제의 활성을 떨어뜨리는 항암제의 개발 가능성이 어느 때보다 높아졌습니다.

2016년 미국 질병 통제 예방센터가 근감소증에 질병 분류 코드를 부여했다고 합니다. 근감소증은 나이 들면서 근육량이 감소하는 현상으로, 지금껏 우리가 노화 현상 중 하나로 당연하게 여겼던 것인데요. 그런데 질병 통제 예방센터가 질병 분류 코드를 부여했다는 사실은 노화를 나이 든 사람에게 생기는 자연 현상이 아니라 고쳐야 하는 질병으로 바라보는 시각이 생겼다는 것을 의미하지요. 그러나 사실 노화 그 자체는 질병이 아니죠. 오히려 생명체가 태어나 살아가는 과정에 만나게 되는 생활사의 한 부분인 것입니다.

아직은 근감소증 하나에 불과하지만 다양한 노화 현상을 질병으로 규정하기 시작하면 노화 치료라는 거대 산업이 등장할 가능성은 커집니다. 노화를 늦추려는 욕망이 비뚤어진 사고가 아니며 의료적 처치를 요구한다고 해서 비난받을 이유 또한 없지만 질병 코드를 부여한 목적이 순수한 의료적 치료에 있는지 아니면 기업의 요구에 반응한 것인지 의심해 보는 것은 필요하다고 봅니다.

많은 것을 가진 자는 더 많은 것을 갖기 위해 몸부림친다고 합니다. 세상을 거머쥔 자들은 신의 영역까지 넘보고 싶은가 봅니다. 불로초를 얻고 싶었던 진시황이 그랬고 불로불사의 선약을 원했던 한 무제가 그랬으니까요. 그러나 그들은 꿈을 이루지 못했습니다.

그로부터 수천 년이 흐른 지금 연구자들은 현대판 불로초와 선약을 찾기 위해 여태껏 과학이 가 보지 못한 미지의 땅을 헤매고 있습니다. 그들은 젊은 쥐의 피를 늙은 쥐에 수혈해 젊음을 되찾는 기술을 일부 성공시키고 대장 안의 미생물을 활성화시켜 면역을 높이는 원리도 찾아냈으며 항산화제를 이용해 DNA를 보호하는 기술, 각종 유전자 치료제 등을 연달아 개발했습니다. 하지만 이런 현대 기술 중 어느 것 하나 일관성 있게 노화를 막는 성과를 내지 못했습니다. 다만 노화를 조금 늦출 뿐이지요.

기술에 의존하지 않고 노화를 늦추는 확실한 방법은 생활 습관이라고 합니다. 예컨대 금연과 규칙적인 운동 그리고 식이 요법 조절 등은 좋은 생활 습관입니다. 담배와 피부 노화에 대한 쌍둥이 연구에 따르면 담배를 피운 쌍둥이 쪽이 담배를 피우지 않은 쪽보다 57퍼센트나 더 빨리 늙는 것으로 나타났다고 하죠. 흡연과 비흡연의 예처럼 본인이 어떤 생활 리듬을 선택하며 사느냐에 따라 노화의 정도가 달라진다고 합니다. 노화를 늦춰 주는 새로운 기술들도 생활 리듬에 따라 그 효과가 달라지는 것은 두말할 필요도 없습니다.

오늘날 우리는 진시황이나 한무제가 그토록 갈구하던 불로초와 선약을 이미 손에 쥐었을지 모릅니다. 그 덕분일까요? 최근 한국 사람의 기대 수명은 크게 늘었습니다. 통계청 자료에 의하면 한국인의 기대 수명은 2012년에 80.87년이었다가 2016년에는 82.36년으로 4년 만에 2년 가까이 증가했습니다.

그런데 요즘은 건강 수명이 중요하다고 합니다. 건강 수명은 병든 기간을 제외한 기대 수명입니다. 한국인의 건강 수명은 2012년 65.7년에서 2016년 64.9년으로 오히려 나빠졌다고 합니다. 즉 사는 날이 늘어났지만 병상에 누워 지내는 날은 더 많아진 것이지요. 각종 현대 기술로 수명은 연장시켰지만 노화는 어쩔 수 없는 모양입니다. 노화를 막으려 노력하고 늦추는 것도 중요하지만 건강하게 사는 것 그리고 사람들에게 좋은 모습으로 오래 기억되는 삶을 사는 것은 더 의미가 있지 않을까요?

한 손에 막대를 쥐고 또 한 손에는 가시를 쥐고
늙는 길을 가시로 막고 오는 백발을 막대로 치려 했더니
백발이 제가 먼저 알고서 지름길로 오는구나.

백발이 성성한 노인이 연상되는 고려 말 선비 우탁의 시조입니다. 가시로 막고 막대로 치면서 늙는 것을 막아 보려 하지만 노화는 어찌나 빨리 찾아오는 것인지…… 자연이 선택한 노화는 그렇게 세월의

지름길로 오는 것임을 1000년 전의 우탁도 깨달았나 봅니다.

그러고 보니 삼천갑자나 살면서 세상 만물의 이치와 생사의 도에 통달했을 동방삭이 강림도령의 얄팍한 수에 깜빡 속아 넘어간 이유가 새삼 궁금해집니다. 혹시 그냥 속아 준 것은 아닐까요?

2

빽 투 더
줄기세포

역분화, 분화의 시계를 거꾸로 돌리다

우리 몸은 대략 60조에서 100조 개의 세포로 이루어져 있다고 하죠. 이보다 적은 30조 개로 보는 연구자도 있습니다. 일일이 세어 볼수 없기 때문에 어느 것이 맞는지 알 수 없지만 놀라울 정도로 많은 세포가 우리 몸을 구성하는 것만은 분명하지요. 그러나 더 놀라운 것은 이 모든 세포가 하나의 세포에서 시작되었다는 사실입니다.

그 세포는 바로 수정란입니다. 수정란은 난자의 핵에 정자의 DNA가 들어오면서 만들어지는데 세포수가 2, 4, 8, 16… 이렇게 기하급

수적 형태로 증가하기 때문에 대략 40회 이상 분열하면 수십조에 이르게 됩니다. 수정란은 아메바처럼 이분법으로 분열하는데요. 그러나 똑같은 수정란을 찍어 내지는 않습니다. 분열 횟수가 늘어날수록 수정란의 모습에서 멀어지고 점차 우리에게 익숙한 세포 형태를 갖추게 됩니다.

수정란은 두 개의 세포로 이루어진 2세포기와 네 개의 세포로 이루어진 4세포기, 여덟 개의 세포로 이루어진 8세포기 그리고 상실배를 거쳐 분열 횟수가 6회에서 7회 정도 되면 100여 개의 세포로 이루어진 배반포에 도달하는데요. 배반포는 속이 비어 있는 공 모양의 세포 덩어리로 바깥쪽에 자리 잡은 세포들은 장차 태반이 되고 안쪽에 있는 내부 세포 덩어리는 분열을 거듭해 외배엽과 내배엽이 되며 수정 후 3주차가 되면 중배엽도 완성됩니다. 이후에도 분열이 계속되면 외배엽은 피부 세포와 뇌를 비롯한 신경 세포 그리고 눈을 만드는 세포 등으로 변하고 내배엽은 위장과 소장의 점막 세포와 간세포, 이자 세포, 갑상선 세포 등으로 바뀌며 중배엽 또한 근육 세포와 림프 세포 등 각각의 기능을 가진 세포로 탈바꿈하지요. 이렇게 하나의 세포가 분열을 통해 처음과 다른 세포로 변화되어 가는 과정을 분화라고 합니다. 요컨대 우리 몸의 조직과 기관에 자리 잡은 수많은 종류의 세포들은 하나의 수정란이 분화한 결과물인 셈입니다.

분화는 세포가 분열함에 따라 전문성을 갖는 과정이기도 합니다. 그리고 이 과정은 시간의 흐름처럼 과거에서 현재로 흐르며 거슬러 올라가지 않지요. 즉 수정란이 신경 세포로 분화될 수 있어도 신경

세포가 수정란으로 역분화하지 않는다는 것입니다. 한번 골짜기로 굴러 떨어진 공은 스스로 언덕을 향해 올라갈 수 없는 것처럼 이 현상은 오랫동안 깨지지 않는 자연의 법칙으로 여겨졌습니다. 그러나 여기에 도전장을 내민 생물학자가 있었습니다.

1962년 존 거던은 개구리의 난자에 피부 세포의 핵을 넣어 수정란을 만들고 이것이 올챙이로 발달할 수 있는지 연구했습니다. 우선 그는 726개의 난자에 자외선을 쬐어 DNA를 파괴한 다음 다른 올챙이의 소화관 상피 세포에서 채취한 핵을 이식했는데요. 그렇게 핵 치환 기법으로 만들어진 난자들 대부분은 정상적으로 발달하지 못했지요. 하지만 10개는 올챙이로 성장했습니다. 상피 세포의 핵을 이용해 만든 수정란이 분화에 성공한 것이죠. 분화 이론에 균열이 생기는 순간이었습니다.

다시 말하지만 우리 몸의 세포는 수정란이 분화한 결과입니다. 따라서 이들 세포가 지닌 2만 3000여 개의 유전자는 수정란과 완전히 똑같습니다. 또한 분화는 한쪽 방향으로 흐릅니다. 수정란이 출발역이라면 피부 세포나 심장 세포는 종착역이지요. 이 말은 피부 세포는 수정란으로 돌아갈 수 없다는 뜻입니다. 비록 피부 세포가 수정란과 똑같은 유전자를 지니고 있다 해도 말입니다.

거던의 개구리 실험에서 확인한 것은 분화가 끝난 세포가 다시 수정란으로 돌아갔다는 사실입니다. 즉 분화의 종착역에 서 있던 피부 세포가 수정란으로 역분화한 것입니다. 비유컨대 공이 언덕으로 굴러 올라갔습니다.

거던은 분화의 시곗바늘을 거꾸로 돌렸습니다. 그리고 사람들에게 수정란이 갖는 분화 능력을 인간이 움켜쥘지 모른다는 희망을 주었지요. 역분화 줄기세포 연구가 본격적인 학문으로 움트기 시작한 것입니다. 줄기세포란 어떤 세포로 분화할지 아직 정해지지 않은 세포를 말합니다. 그런 의미에서 수정란은 대표적인 줄기세포인데요. 수정란은 최종적으로 우리 몸을 구성하는 200여 종의 세포로 분화됩니다. 수정란의 이러한 분화 능력을 '전능성'이라고 합니다. 수정란이 분화되어 배반포에 도달할 때 내부의 세포 덩어리를 꺼내 특별한 조건을 갖춘 시험관에서 배양하면 자기 자신을 무한 증식하는 상태로 만들 수 있지요. 이것을 배아 줄기세포ES세포라고 합니다.

배아 줄기세포 또한 수정란과 마찬가지로 외배엽과 내배엽, 중배엽에서 비롯되는 어떠한 세포로도 분화할 수 있습니다. 그러나 수정란과 달리 태반으로 분화하는 능력을 갖추지 못했기 때문에 자궁에 되돌린다 해도 착상이 되지는 않죠. 즉 배아 줄기세포를 자궁에 되돌려 놓아도 하나의 개체로 성장하지 못합니다. 수정란에 못 미치는 배아 줄기세포의 이러한 분화 능력을 '만능성'이라고 해요. '전능성'이 태반을 비롯해 모든 세포로 분화하는 것을 의미한다면 '만능성'은 태반을 제외한 나머지 세포로 분화하는 능력을 의미합니다.

포유동물의 배아 줄기세포는 1981년 마틴 에반스가 처음으로 발견했습니다. 에반스는 1995년 원숭이의 배아 줄기세포도 찾아냈습니다. 인간 배아 줄기세포는 1998년 제임스 톰슨에 의해 분리되었지요. 앞에서 살펴본 대로 배아 줄기세포는 우리 몸의 모든 세포로 분화할 수 있기 때문에 의료 혁명을 앞당길 수 있습니다. 이것은 특히 재생 의학에서 큰 의미를 갖는데요. 재생 의학이란 상처 입거나 기능이 손상된 장기 및 조직에 몸 밖에서 배양한 세포를 이식해 치료하는 것을 말합니다. 배아 줄기세포는 그대로 치료에 활용할 수도 있지만 돼지에 이식할 경우 환자의 신체에 맞춰 다양한 크기의 인공 장기도 만들어 낼 수 있지요. 이론은 입증되었기 때문에 관련 기술만 확보하면 자동차 부품처럼 세포나 신체의 각 부분을 교체할 수도 있답니다.

그러나 이런 큰 가능성에도 불구하고 현재 배아 줄기세포의 쓰임새는 무척 좁습니다. 이유는 배아 줄기세포가 대부분 다른 사람의 난자를 이용해 만든 수정란에서 얻어지기 때문인데요. 이렇게 해서 얻은 배아 줄기세포는 자신의 세포가 아니기 때문에 면역 거부 반응을 일으킬 수 있는데 심하면 생명이 위험할 수도 있습니다. 한편 수정란을 이용해 배아 줄기세포를 만드는 것은 수정란이 태아로 자라날 가능성을 제거하는 것이기 때문에 윤리적 문제가 뒤따릅니다. 따라서 현재의 배아 줄기세포 연구는 난자와 정자의 인공 수정으로 얻어지는 수정란이 아닌 체세포 핵을 난자에 이식해 분화를 유도하는 체세포 복제 배아 줄기세포가 주류를 이루고 있습니다. 바로 거던이 개구리 복제를 하던 그 방식 말입니다.

거던의 개구리 복제는 체세포 복제의 첫 사례로 꼽히는데 이 실험은 다른 다양한 동물의 복제로 이어졌습니다. 하지만 포유동물 복제는 기술적으로 어려운 부분이 많아 쉽게 성공하지 못했지요. 그러다 1996년에 이언 윌머트가 복제 양 돌리를 탄생시켰습니다. 여기에는 거던의 개구리 복제 실험의 원리가 그대로 적용되었지요. 월머트의 연구진은 여섯 살짜리 양의 젖샘 세포에서 꺼낸 핵을, 이미 핵을 제거한 다른 양의 난자에 넣은 후, 또 다른 양의 자궁에 착상시켰습니다. 개구리 복제 실험과 같은 점은 핵이 제거된 난자에 체세포의 핵을 넣는 핵 치환 기법이 사용된 것이고 다른 점은 돌리가 포유동물이기 때문에 대리모의 자궁에서 태어났다는 것입니다. 복제 양 돌리를 선두로 소, 쥐, 돼지, 고양이, 개 등 많은 포유류가 체세포 복제되었으며 최근에는 영장류인 원숭이도 복제에 성공했습니다.

사람의 경우에도 체세포 복제 배아 줄기세포를 만들 수 있습니다. 이것은 다른 사람의 수정란에서 나온 배아 줄기세포와 달리 자신의 체세포를 이용해 배아 줄기세포를 만들 수 있기 때문에 면역 거부 반응을 극복할 수 있지요. 또 수정란을 사용하지 않기 때문에 윤리적 비난으로부터 상대적으로 자유로울 수도 있습니다. 그러나 수정란을 사용하지 않을 뿐이지 실험용 난자는 계속 필요하기 때문에 윤리적 문제가 모두 해결된 것은 아니랍니다.

난자는 현재 기술로는 인공적으로 만들 수 없으며 오직 생식 가능한 여성에게서 얻을 수 있습니다. 한 번에 10개 많게는 20개까지 채취하는 실험용 난자는 호르몬으로 과배란을 유도해서 얻기 때문에 난자 제공자인 여성에게 심각한 부작용을 남긴다고 합니다. 더욱이 이 분야의 실험 성공률은 매우 낮기 때문에 제공된 난자를 대량으로 파괴하는 또 다른 윤리적 문제를 안고 있지요. 복제 양 돌리도 277개의 수정란 중에 276개가 착상에 실패했으며 그보다 더 많은 수의 난자가 핵 치환에 실패하고 배반포에 이르지 못해 폐기 처분되었습니다.

요컨대 체세포 복제 배아 줄기세포는 면역 거부 반응 없이 이식할수 있는 커다란 장점에도 불구하고 생명의 씨앗인 난자를 실험 도구로 사용하는 한계 때문에 윤리적 비난에서 자유롭지 못합니다. 그래서 수정란이나 난자를 이용하지 않으면서도 배아 줄기세포와 같은분화 능력을 가진 특별한 세포가 필요했습니다.

생명을 소모품으로 사용해도 좋은가

2006년 유명 과학 학술지인 〈셀Cell〉의 인터넷 판에 실린 야마나타 신야의 논문은 이 분야에 새로운 돌파구를 마련했습니다. 야마나카는 체세포가 아니라 배아 줄기세포 안에서 활발히 작동하는 단백질이 열쇠를 쥐고 있다고 생각했습니다. 배아 줄기세포가 체세포와 다르게 행동하는 이유가 여기에 있으며 체세포에 이들 단백질의 설계도에 해당하는 유전자를 집어 넣는다면 배아 줄기세포처럼 초기 상태로 돌아갈 것이라고 믿었던 것이지요. 야마나카 연구팀은 생쥐의유전자 정보가 수록된 데이터베이스를 뒤져 후보 유전자를 100여개로 추린 목록을 만들고 하나씩 실험한 끝에 결국 네 종류의 유전자를 찾아냈습니다. 그리고는 최종 목록에 오른 네 종류의 유전자를 생쥐의 피부 조직 세포에 집어넣었지요. 그랬더니 피부세포가 분화 능력을 되찾았습니다. '야마나카 인자'라고 불리는 이들 유전자는 생쥐의 체세포를 배아 줄기세포와 흡사한 줄기세포로 둔갑시킨 것입니다. 닭이 달걀로 돌아가듯 운명의 시계를 거꾸로 돌린 것입니다.

야마나카는 이렇게 만들어진 세포를 유도 만능 줄기세포iPS Cell라고 불렀습니다. 이름에 '유도'라는 단어를 붙인 이유는 특정 유전자를 이용해 줄기세포 상태로 유도했기 때문이라고 합니다. 이듬해 인간의 피부세포를 줄기세포로 되돌리는 실험도 성공시킨 야마나카는 분화된 상태를 해제시켜 성숙한 세포가 미성숙 상태로 회귀 여행하는 것이 가능함을 증명한 공로로 존 거던과 함께 2012년 노벨 생리의학상을 수상했습니다.

야마나카의 iPS 세포는 순수한 체세포에 몇 가지의 유전자만 삽입해 만들 수 있기 때문에 수정란이나 난자를 도구로 사용하는 배아 줄기세포의 윤리적 문제를 가볍게 극복했습니다. 더군다나 배아 줄기세포의 만능성도 갖추었기 때문에 인체 조직의 모든 세포로 분화할 수 있습니다. 체세포 복제 배아 줄기세포처럼 면역 거부 반응이 해결된 것은 물론이지요. 요컨대 체세포와 네 종류의 유전자만 있으면 윤리적 문제가 해결된 자신만의 배아 줄기세포를 만들 수 있게 된 것입니다. 그동안 배아 줄기세포에 쏠렸던 사람들의 관심이 iPS 세포로 옮겨 간 것은 당연한 결과였습니다. 사람들은 iPS를 만병통치약처럼 여기기 시작했습니다.

주호민의 만화『신과 함께-신화편』을 보면 할락궁이에 관한 이야기가 나옵니다. 할락궁이는 억울하게 죽은 어머니의 혼과 육신을 되

살리기 위해 혼살이꽃, 숨살이꽃, 뼈살이꽃, 피살이꽃, 살살이꽃을 만들었는데요. 어머니를 살려낸 할락궁이의 꽃처럼 무슨 병이든 고칠 것 같던 iPS 세포는 그러나 연구를 거듭하면 할수록 처음의 기대에 미치지 못했습니다.

우리 몸의 모든 조직과 기관은 세포로 구성되기 때문에 상처 난 조직이나 망가진 기관을 iPS 세포로 고치지 못할 이유는 전혀 없죠. 그러나 조직과 기관은 대부분 여러 종류의 세포들이 복잡하게 결합되어 있기 때문에 단지 iPS 세포를 이식하는 것만으로 치료가 잘 되지 않는다고 합니다. 배아 줄기세포도 그렇지만 현재 iPS 세포의 치료 대상이 되는 질병이 한 종류 세포에서 발생하는 질병 즉 파킨슨병이나 망막, 당뇨 그리고 척추 손상과 관절 질환 및 혈액 이상 등 십여 가지에 불과한 이유가 여기에 있지요.

더군다나 환자의 체세포로 만든 iPS를 이식하기 위해서는 우선 체세포를 iPS 세포로 역분화시키고 여기에 돌연변이가 없는지 확인하고 분화 능력이 있는지 동물 실험까지 진행해야 하기 때문에 시간도 많이 걸리고 비용면에서도 상당한 부담이 따릅니다. 즉 iPS 세포를 이용한 개인별 맞춤 의료는 언젠가 실현될 수 있어도 지금은 아니라는 말입니다.

iPS 세포가 획기적이지만 배아 줄기세포에 미치지 못하는 것 또한 사실입니다. iPS 세포는 배아 줄기세포와 마찬가지로 이론상 무한 분열이 가능하지만 증식이 누적되면 염색체 이상이 발생하기도 합니다. 게다가 iPS 세포는 암세포로 분화할 위험성이 무척 큽니다. iPS

세포를 만드는 전사 인자 중 하나가 암을 일으키는 유전자라는 사실은 우리를 긴장시키기에 충분하죠. 좀 과장하면 iPS 세포는 럭비공처럼 어디로 튈지 모르는 '묻지 마 세포'입니다. 럭비공이 튀는 방향은 잡아내기 힘들죠. 즉 iPS 세포는 어느 세포로든 분화할 수 있지만 그것을 암세포가 아닌 우리가 원하는 특정한 세포 형태로 분화시키고 유지시키는 것은 매우 어렵습니다. 우리에겐 그럴 기술이 아직 없습니다. 요컨대 iPS 세포는 만들기 쉬울지 몰라도 안전하게 사용하는 것은 결코 쉽지 않다는 말입니다.

iPS 세포의 탄생으로 전에 없던 윤리적 문제도 새롭게 나타났습니다. iPS 세포를 돼지에게 이식해 인간 장기를 만들어 내는 오가노이드organoid 기술은 실험 단계까지 왔지만 과연 인간이 아닌 다른 생명을 소모품으로 사용해도 좋을지 의문이 생깁니다. 이것은 몇몇 실험동물에 국한된 이야기가 아니랍니다. 사람의 몸을 인공 장기의 생산 기지로 설정할 경우 문제는 더욱 심각해지죠. 영화 〈아일랜드〉2005년가 보여 준 것처럼 복제 인간을 키워 자신의 부품으로 사용하는 오가노이드 기술은 생명의 존엄성을 근본부터 흔들 수 있습니다.

비록 미해결 과제를 안고 있지만 iPS 세포에 거는 생물학의 기대는 여전합니다. 특히 iPS 세포는 인간의 질병을 모델링하고 연구하는 중요한 도구로 대접받고 있습니다. 이것은 환자의 체세포로 iPS 세포를 만든 후 특정 조직으로 분화시키고, 치료하고자 하는 질병을 재현시켜 그 질병이 발생하는 메커니즘을 연구하는 것인데요. 퇴행성 뇌 질환인 알츠하이머의 경우 일부 성공했다고 합니다. 또한 iPS

사람의 몸을 인공 장기의 생산 기지로 설정할 경우 문제는 더욱 심각해지죠. 영화 〈아일랜드〉가 보여 준 것처럼 복제 인간을 키워 자신의 부품으로 사용하는 오가노이드 기술은 생명의 존엄성을 근본부터 흔들 수 있습니다.

세포는 한때 불가능하다고 여겨졌던 연구용 인간 세포의 무한 증식 문제를 해결하고 있으며 유전자 가위 기술을 이용해 새로운 iPS 세포를 개발하는 등 생물학에서 iPS 세포가 차지하는 비중이 점차 커지고 있습니다.

　영화 〈빽 투 더 퓨처〉1987년에서 주인공 마티 맥플라이는 어느 날 테러범의 공격을 피해 도망치다 스포츠카 모양의 자동차를 타게 됩니다. 그런데 알고 보니 이 차는 마티와 친하게 지내는 괴짜 발명가인 브라운 박사가 만든 타임머신이었습니다. 우연히 30년 전 과거로 돌아간 마티는 본의 아니게 부모님을 만나 삼각관계에 빠졌고 두 분의 사랑을 방해한 댓가로 마티 자신이 태어나지 못할 위기를 맞이하는 등 뜻밖의 운명을 경험하게 되죠.

마티가 돌아간 과거에 정해진 미래는 없던 것처럼 iPS 세포가 돌아간 과거에도 정해진 운명 따위는 없습니다. 자신의 행동이 미래의 운명에 어떤 영향을 미칠지 알 수 없기 때문입니다. 과거로 돌아간 iPS 세포의 운명 또한 현재의 시점에서는 알기 어렵습니다.

iPS 세포가 세상에 모습을 드러낸 지 이제 10여 년이 지났습니다. 시간을 달려 돌아간 과거에서 iPS 세포가 어떤 운명을 만날지 모릅니다. 정해진 미래를 거부하고 미지의 세상을 향해 달려갈 iPS 세포의 앞날이 궁금할 따름입니다.

우생학이 낳은 비극

"신경계 질병은 60퍼센트, 우울증은 42퍼센트, 집중력 장애는 89퍼센트, 심장 질환은 99퍼센트 발생할 가능성이 있으며 조기 사망으로 인한 예상 수명은 30년입니다."

영화 〈가타카〉1997년에서 주인공 빈센트의 짧은 생은 태어날 때 이미 결정되었습니다. 의료진이 빈센트의 발뒤꿈치에서 뽑아낸 피 한방울은 그가 언제 어떻게 죽는지뿐만 아니라 그의 성격에 폭력 성향이 포함되어 있는지 장래 어떤 직업을 가질 수 있는지도 알려 주었기 때문이죠.

영화 제목 가타카GATTACA의 알파벳은 유전자를 구성하는 네 가지 염기 G구아닌, A아데닌, T티민, C사이토신의 조합입니다. 〈가타카〉가 그린 미래는 유전자 계급 사회인데요. 그곳에서 계급은 신분이나 피부색이 아닌 유전자 그 자체입니다. 유전자가 우월하면 상류 계급, 열등하면 하류 계급에 속하는, 한마디로 유전자가 결정하는 디스토피아입니다.

빈센트는 하류 계급에 속하는 하층민입니다. 빈센트의 부모가 인공 수정과 유전자 조작을 거부하며 자연 임신으로 아이를 낳은 탓인데요. 때문에 열성 유전자를 갖고 태어난 빈센트는 잦은 병치레를 하며 어린 시절을 보내야 했고 부모의 걱정은 늘어만 갔습니다. 둘째를 낳기로 결심한 그의 부모가 이번에는 의사의 권유를 받아들여 열등한 유전자는 제거하고 우수한 유전자만 남긴 아이를 낳았습니다. 빈센트의 동생은 그렇게 엘리트 계급으로 태어났습니다.

유전자로 인간을 평가하는 우생학은 나치의 창작물이 아닙니다. 우생학의 뿌리는 매우 깁니다. "일급 시민을 만들기 위해서는 가장 뛰어난 남녀를 부부로 많이 짝지어 주고 가장 열등한 자들끼리의 혼인은 막아야 한다." 인종 청소를 주장했던 히틀러가 아니라 그리스의 철학자 플라톤이 했던 말입니다. 그는 우수한 사냥개끼리 교배를 시켜야 우수한 새끼를 낳는 것처럼 선택적 출산으로 인간을 개량시켜야 한다고 생각했습니다. 이렇듯 '인간 개량'에 대한 욕망은 우리가 생각했던 것보다 먼 과거로 이어지고 있습니다.

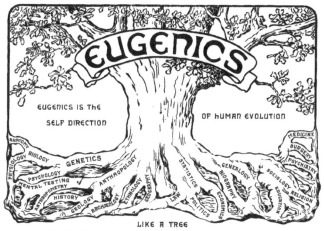

1924년 열린 제2차 국제우생학대회 로고. 제1차 국제우생학대회는 찰스 다윈의 아들인 레오나드 다윈이 회장을, 영국 수상 윈스턴 처칠이 명예 부회장을 맡아 1912년 런던에서 열렸다.

    생물학에 기댄 본격적인 우생학은 프랜시스 골턴으로부터 시작되었습니다. 찰스 다윈의 사촌동생이기도 한 골턴은 다윈이 『종의 기원』을 출간하자 본격적으로 우생학을 연구하기 시작했는데요. 그가 진화의 역사에서 본 것은 인종 개량의 가능성이었습니다. 골턴은 교배 기술을 이용하면 식물과 동물의 품종을 개량할 수 있다는 사실을 깨닫고 우수한 자질을 가진 인종 또한 만들어 낼 수 있다고 생각했지요. 우수한 개의 품종을 만들어 내듯 인종도 우월하게 개량할 수 있다고 생각한 것이죠. 골턴은 '유전되는 천재'라는 제목의 책을 출간해 우생학을 널리 알리는 한편 인종 우생학회를 설립했으며 유전적으로 열등한 사람들을 제거해 씨를 말려야 한다고 주장하고 유색 인종의 이민을 규제하는 이민 제한법을 만드는 데에도 앞장섰습니다.

　20세기 초반 골턴의 우생학을 처음으로 수용한 국가는 미국입니다. 미국은 정신병 환자와 감옥 수감자, 지적 장애인 등을 강제로 불임 시술하는 법률 즉 '단종법'을 실시했던 최초의 국가였죠. 특히 1927년 캐리 벅과 J. H. 벨의 소송을 다룬 '벅 대 벨Buck vs Bell' 판결을 계기로 우생학 프로그램은 미국 전역으로 퍼져 나갔습니다.

　버지니아에서 태어난 캐리 벅이라는 여성은 6학년이 되던 해에 구걸을 하며 생계를 잇던 홀어머니와 헤어져 다른 집으로 입양되었는데 양부모의 조카에게 성폭행을 당해 아기를 낳게 되었습니다. 그러자 양부모는 벅을 강제로 간질병 환자와 지적 장애인을 수용하는 시설로 보내 버렸는데요. 벅의 친어머니가 이를 알고 벅을 데리고 나가려 하자 수용소 책임자인 J. H. 벨이 불임 수술을 받아야만 나갈 수 있다고 주장합니다. 결국 벅과 벨은 법정에서 다투게 되었습니다. 마침내 대법원에서 벅은 1:8로 패소합니다. 이것이 '벅 대 벨' 사건이며 '단종법'이라는 이름의 우생학이 정당성을 확보한 최초의 판결이기도 합니다. 특히 단종법에 찬성한 여덟 명의 대법관 중 한 명은 결함이 있는 자들의 자손이 범죄를 저질러 처형되거나 저능함 때문에 굶어죽는 것을 기다리는 것보다 출산하지 못하게 하는 것이 사회에 더 유익하다고 판결했습니다. 이후 단종법은 미국 대부분의 주에서 실시되어 수만 명에 이르는 여성이 강제 불임 수술을 받아야 했습니다.

　영국에서 시작되었지만 미국에서 먼저 단종법이라는 길을 낸 우생학은 이후 독일에서 거침없는 행보를 전개합니다. 히틀러는 대중

연설을 통해 신체장애자로 태어난 독일 어린이는 제거돼야 한다고 주장한 뒤 '인종 정책소'를 설치해 수십만 명의 여성을 수술대에 눕혔을 뿐만 아니라 인종의 '순종화' 작업을 실시해 유대인 등 600만 명에 달하는 사람들을 대량 학살하는 만행을 저질렀습니다.

'우월한 인간'을 향한 욕망

유럽과 미국에 휘몰아친 우생학의 광풍은 지구를 반 바퀴 돌아 한반도에도 거칠게 불어 왔는데요. 민족 개선학, 인종 개선학의 이름으로 일본에서 수입된 우생학은 1920년대부터 대중 강연의 소재로 널리 사용되면서 육체 개조 운동의 논리로 자리 잡아 갔습니다. 1922년 춘원 이광수도 〈개벽〉이라는 잡지에 '조선 민족 개조론'을 실어 조선인의 형질을 개조해야 한다고 목소리를 높였습니다. "조선인들은 근본적으로 성격이 좋지 못한 민족입니다. (중략) 그중 소수 나마 몇몇의 선인^{이광수가 생각하기에 유전적 형질이 우수한 사람}이 있을 것입니다. 이 소수의 선인이야말로 민족 부활의 희망입니다." 즉 이광수가 제시한 조선 민족 개조론은 형질이 우수한 사람들 사이의 결혼과 출산, 그들에 의한 지도 계급의 형성 그리고 조선인의 각성으로 볼 수 있죠. 여기서 형질이 우수한 사람이란 이광수를 포함해 일제에 빌붙은 현실 순응적 지식인과 자본가, 정치가를 말하는 것임은 두말할 필요도 없습니다.

생물학에 기대고 있지만 우생학은 결코 학문이 아닙니다. 개를 우생학적으로 개량하는 것은 가능합니다. 즉 개를 선택적으로 교배시키면 잉글리시 불도그처럼 독특한 외모를 가진 품종을 만들 수 있죠. 그러나 그것은 외모의 개량이지 불도그의 삶을 개량한 것이 아닙니다. 납작하고 주름진 얼굴의 잉글리시 불도그가 일상적으로 겪는 호흡 곤란과 안구 질병의 가능성은 우생학의 어두운 그림자를 보여 줍니다. 상업적으로 개량된 개에게 남겨진 것은 각종 질병과 유전병입니다. 자본 시장의 우생학은 돈벌이 수단일 뿐입니다.

사람의 경우는 어떨까요? 사람도 인위적인 교배를 거듭하다 보면 원하는 머리카락 색이나 눈동자 색을 만들 수 있을 겁니다. 같은 방법으로 키나 외모 등의 형질도 바꿀 수 있을지 모르죠. 하지만 사람의 성격이나 지능 등 더 복잡한 형질을 인위적 교배에 의해 개량하는 것은 간단한 문제가 아닙니다. 하나의 형질에 하나의 유전자만 관여하는 경우가 드물다는 사실은 오늘날 유전학의 기본 내용이거든요. 단순히 교배 몇 번 하는 것만으로 인간을 개량할 수 있다고 생각하는 것은 유전학을 잘 모르고 하는 소리입니다. 즉 교배의 결과가 예측 가능한 방향으로 나올 것이라고 믿는다면 이는 착각에 불과하죠. 다시 말해 우생학으로 인간을 개량한다는 것은 불가능합니다.

우생학은 전혀 과학적이지 않으며 무늬만 흉내 낸 유사 과학, 사이비 과학입니다. 노예 제도와 식민지 지배를 정당화하고 특정 민족을 말살시키기 위해 과학의 언어를 이용해 만든 정치 용어가 바로 우생학이죠. 미국의 26대1901~1909 대통령이었던 시어도어 루스벨트가 우생학 연구소 소장이자 국제 우생학 연방기구를 설립한 찰스 대븐포트에게 보낸 편지에서 "뛰어난 유형의 국민들은 혈통을 남겨야 하고 부적격자는 자식을 낳아서는 안 된다"고 강조했던 데서 알 수 있듯이 우생학은 정치가의 입을 빌리고 생물학의 탈을 쓰기도 하면서 세계사 속에서 끈질기게 생존해 왔습니다.

우생학은 2차 세계 대전 이후 한동안 숨을 죽인 듯 했습니다. 나치와 히틀러가 저지른 만행에 온 세계가 경악했기 때문이죠. 하지만 우생학의 생명력은 질겼습니다. 예컨대 1950년대 미국 기업에 제출하는 입사 지원서에는 IQ^{지능 지수} 테스트 점수를 적는 칸이 생겼습니다. 원래 IQ 테스트는 특별한 교육을 필요로 하는 아이들을 알아보기 위해 만들어졌지만 어느새 인종과 남녀를 나누고 모든 사람들을 한 줄로 세우는 도구로 전락했습니다.

참가 자격을 백인 여자로 한정했던 미스 아메리카 선발 대회는 지금은 아니지만 한때 국가적 행사로 여겨지던 시절이 있었습니다. 당시 선발 대회의 주최 측은 아기를 낳고 기를 사람들의 능력을 측정하는 것이 국가에 이득이 된다고 주장했습니다. 왠지 우생학의 흔적이 느껴지지 않나요. 아기 선발 대회 또한 마찬가지입니다. 1970대까지 우리나라에서도 성행했던 우량아 선발 대회의 심사 항목 중 하나가 머리 둘레 길이였다는 사실은 우생학이 국가와 정치의 영역을 넘어 일상생활로 스며들었다는 사실을 알려 줍니다.

우생학에서 '우생'은 우월하게 태어난다는 뜻입니다. 그러나 진화론에서 우월한 형질은 있을 수 없습니다. 진화론의 핵심 이론 중 하나인 적자생존은 단지 환경에 적응한 개체가 살아남는다는 것이지 우월한 개체가 살아남는다거나 살아남은 개체가 강하다는 것을 의미하지 않습니다. 진화론을 마음대로 해석하고 정치적 수단으로 삼은 우생학은 죽은 학문입니다. 즉 단순 교배에 의존하는 고전적 의미의 우생학은 정치적으로도 생명을 다했습니다. 그러나 생명 과학에 기댄 새로운 형태의 우생학은 유전자 테스트와 태아 감별 그리고 착상 전 유전자 진단과 '맞춤 아기' 등으로 이름만 바꿔 가며 우리와 함께 하고 있습니다.

20세기 후반 우생학은 유전학을 등에 업고 화려하게 부활했습니다. 그러나 그것은 아리아인이라는 특정 인종을 칭송한 히틀러식 우생학의 귀환이 아닙니다. 인종은 종과 달리 생물학적 근거를 가진 개념이 아니라는 사실이 증명되었거든요. 즉 1990년부터 시작돼 2003년에 완성된 인간 게놈 프로젝트는 이제껏 우리가 알고 있던 인종 개념의 기초를 완전히 무너뜨렸습니다. 하지만 자신을 우월한 인종의 후손이라고 믿는 사람은 아직도 많아 보입니다.

'23andMe'는 유전자 테스트 서비스를 제공하는 기업입니다. 면봉으로 입안을 문질러 얻은 구강 상피 세포 샘플을 회사로 보내면 DNA를 분석해 줍니다. '23andMe'의 회사 명칭에서 '23'이라는 숫자는 우리 몸의 염색체 쌍이 23개인 것을 뜻합니다. 구글의 공동 창업자 세르게이 브린의 전 부인이 세운 사실이 알려져 유명세를 타기도 했던 이 회사는 '선조의 구성'이라는 서비스도 제공하는데요. 유전자를 분석해 자신의 조상이 어떤 민족이며 또 어느 지역에서 살았는지 보여 주는데 다인종 사회인 미국에서 관심이 아주 높다고 합니다. 재 밌는 것은 백인 우월주의자들이 이 서비스를 이용해 자신이 순수 백 인임을 증명하고 싶어 했다는 사실입니다. 그러나 의외의 결과가 나 왔습니다. DNA조사 결과 검사를 신청한 백인 우월주의자들의 3분 의 2가 순수 백인이 아니며 심지어 유전자의 14퍼센트가 사하라 사 막 이남의 아프리카인으로 밝혀진 사람도 있었다고 합니다.

다양한 피부색과 외모는 현생 인류가 수만 년 전 아프리카를 떠나 중동과 유럽, 아시아 등의 새로운 거주지에 정착할 때마다 각각의 환 경에 적응하기 위해 생겨난 자연스러운 표현형에 불과합니다. 인종 은 생물학 용어가 아니라 문화적 편견일 뿐입니다.

유전자에 순응하지 말아야

유전자 테스트가 특정한 유전자를 갖고 있는지 검사하는 것이라 면 태아 감별은 뱃속의 태아가 남자아이인지 여자아이인지 확인하 는 것을 말합니다. 태아 감별은 아주 민감한 문제인데요. 왜냐면 인 도나 중국처럼 남아 선호 사상이 강한 국가일수록 여아는 낙태의 대 상이 되거든요. 우리나라 또한 21세기가 되기 전까지 여아를 낙태하 는 비율이 아주 높았죠. 예컨대 1990년에 태어난 여아와 남아의 성 비가 116.5 즉 여아 100명당 남아가 116.5명이 될 정도로 성비가 기 형적이었어요. 최근에는 106 정도로 내려와 자연 성비인 105에 근접

했다고 합니다.

태아의 성은 초음파 검사로 알 수 있는데 이는 착상 전 유전자 진단을 통해서도 가능합니다. 이것은 수정된 배아를 자궁에 착상시키기 전에 배아의 유전자를 조사하는 것인데 그 과정에서 태아의 성별도 알게 되지요. 원래 불임 부부의 시험관 아기 시술을 위한 검사로써 유전병이 없는 배아 중에 최상의 것을 골라내어 착상을 시키는 것이 목적인데 최근 의료 목적이 아닌 단지 성별을 알아내고자 검사하는 경우도 있다고 합니다.

착상 전 유전자 진단은 원하는 배아를 선별하는 기회도 제공하지만 배아 편집의 근거가 되기도 합니다. '세 부모 아기'가 그 예입니다. 2016년에 태어난 한 시험관 아기의 엄마는 뇌와 척수 등의 중추 신경계가 서서히 악화되는 '리 증후군'를 일으킬 수 있는 유전자를 갖고 있었는데요. 리 증후군은 미토콘드리아 유전자의 이상으로 생기는데 이 돌연변이 DNA를 가진 엄마는 건강했지만 자녀들은 정상적으로 성장하지 못하고 모두 어린 나이에 목숨을 잃었죠. 이 문제를 해결하기 위해 의료진은 정상적인 미토콘드리아를 가진 다른 여성의 난자에서 핵을 제거한 후 엄마의 핵을 주입해 새로운 난자를 만들었습니다. 그리고 나서 이 난자를 아빠의 정자와 체외에서 인공 수정시킨 후 엄마의 자궁에 착상을 시켰습니다. 다시 말해 핵은 엄마와 아빠로부터 왔지만 난자의 미토콘드리아는 다른 여성에게서 온 즉 엄마가 두 명이고 아빠가 한 명인 '세 부모 아기'가 탄생한 것입니다.

세 부모 아기를 만드는 배아 편집은 의료 기술로써 자신의 유전병을 아이에게 물려주고 싶지 않은 부모들의 희망이기도 합니다. 그러나 이 기술은 사실상 '좀 더 나은 아기'를 만드는 방편이기도 하죠. 만약 배아의 DNA를 편집해 아이의 건강을 위협하는 유전자는 제거하고 원하는 유전자만 남길 수 있다면 보다 향상된 인간을 만들 수도 있습니다.

좀 더 건강하고 능력 있는 아이를 만들고 싶다는 부모의 마음은 잘못된 것이 아닙니다. 매력적인 외모와 풍부한 감성 유전자를 안겨 주고 싶다는 욕망 그 자체는 절대 그릇된 것이 아닙니다. 장차 파란 눈과 금발 머리 그리고 하얀 피부를 가질 수 있는 기술이 완성된다면 성형 수술과 마찬가지로 유전자 성형 또한 소비자의 취향과 선택의 문제가 될 수 있지요. 배아의 상업적 이용을 금지한 현재의 생명 윤리법 또한 소비자 선택권의 보장이라는 우생학적 욕구와 정면 충돌할지도 모릅니다.

원치 않는 질병 유전자를 제거하는 의료적 기술과 유전자 성형은 본질적으로 같은 기술입니다. 지금도 부유층을 중심으로 원하는 성의 배아만 선별하려고 착상 전 유전자 진단을 악용하는 불법 시술이 벌어지는 마당에 법적 제약마저 사라진다면 머지않아 유전자 성형은 전염병처럼 퍼질지 모릅니다. 요컨대 〈가타카〉의 유전자 계급 사회가 가까운 미래에 펼쳐질 수 있습니다.

단종법, 인종 청소 등 과거의 우생학이 국가가 디자인한 하나의 틀에 맞추기를 강요한 것이라면 현대의 우생학은 배아 편집과 유전자 편집을 중간 다리로 부모의 다양한 욕망과 연결되어 있습니다. 구식의 우생학은 국가 권력을 앞세웠지만 신식의 우생학은 강제성이 배제된 개인의 선택적 욕망이 그 자리를 채워 가고 있죠. '맞춤 아기'는 바로 우생학이 소비자에게 내놓은 주문형 상품입니다. 〈가타카〉에서 빈센트의 동생 안톤은 그렇게 만들어진 것입니다.

'맞춤 아기'로 디자인된 안톤과 달리 자연 잉태로 태어난 빈센트는 '부적격자'였습니다. 우주 비행사가 되어 하늘을 나는 꿈을 꾸던 빈센트에게 태양계를 탐사하는 우주 항공 회사 가타카의 유전자 검사는 후천적 노력으로 뛰어넘을 수 없는 벽이었죠. 유전자 브로커를 통해 '적격자' 그것도 수영 은메달 리스트의 유전자를 얻게 된 빈센트는 유전자 검사를 여유 있게 통과합니다. 그리고 피나는 훈련 끝에 최고의 자리에 오르게 되죠. 그러던 중 가타카에서 살인 사건이 발생하고 엘리트 수사관이 된 동생 안톤으로부터 범인으로 의심을 받습니다.

안톤은 빈센트가 가타카의 우주 비행사가 되었다는 사실을 믿지 못합니다. 부적격자 빈센트의 유전자 성적표가 우주 비행사는 불가능하다고 말하고 있기 때문이죠. 구차한 변명을 늘어놓는 대신 빈센트는 어린 시절 형제의 놀이였던 '먼 바다까지 헤엄치기' 대결을 안톤에게 제안합니다. 안톤은 자신이 이길 줄 알았으나 뜻밖에도 익사하기 직전 형 빈센트에게 구조됩니다. "어떻게 이럴 수 있지?"라고 묻는 안톤에게 빈센트는 대답합니다. "난 되돌아갈 힘을 남겨 두지 않아서 널 이기는 거야."

심장병이 일어날 확률이 99퍼센트라며 우주 비행사를 포기하라는

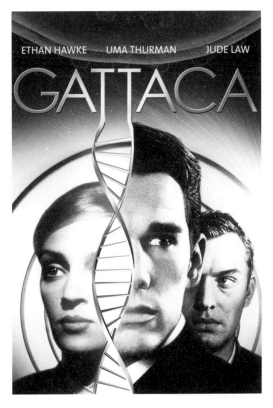

구식의 우생학은 국가 권력을 앞세웠지만 신식의 우생학은 강제성이 배제된 개인의 선택적 욕망이 그 자리를 채워 가고 있죠. '맞춤 아기'는 바로 우생학이 소비자에게 내놓은 주문형 상품입니다. 영화 〈가타카〉에서 빈센트의 동생 안톤은 그렇게 만들어진 것입니다.

부모님에게 빈센트는 이렇게 말합니다. "1퍼센트는 그렇지 않잖아요." 영화 〈가타카〉가 전하는 메시지는 분명합니다. 유전자에 순응하지 말고 한계를 깨서 날아 보라는 겁니다. 유전자에 새겨진 것은 부적격자의 운명이 아니라 그 운명을 거역하는 인간의 의지인 것입니다. 핏속을 떠도는 우생학의 유령을 떨치고 새로운 항로의 좌표 위에

돛을 펼치는 겁니다. 그렇다면 우리는 무엇을 해도 될지 유전자에 물어볼 것이 아니라 무엇을 하고 싶은지 자신에게 물어야 합니다.

유전자 가위
특허 전쟁

크리스퍼 유전자 가위의 발명

"이제 저의 독창적인 연구는 모두 물거품이 되겠군요."

완전히 낙담한 찰스 다윈은 친구에게 보내는 편지에 이렇게 적었습니다. 때는 1858년 어느 여름날, 앨프리드 월리스의 편지가 런던 교외에 있는 다윈의 집에 도착한 직후였는데요. 편지를 뜯은 다윈은 깜짝 놀랐습니다. 왜냐하면 편지에는 자연 선택에 의한 진화론을 주장하는 월리스의 논문이 들어 있었는데 이것의 결론이 다윈의 생각과 너무나 비슷했기 때문입니다.

말레이 군도에서 수년 간 머물며 생물종이 다양하게 변하는 경향에 대해 연구하던 월리스의 생각이 갈라파고스 군도에서의 조사를 토대로 진화론을 다듬어 온 다윈의 생각과 거의 일치했던 것입니다. 탐사선 비글호를 타고 세계 곳곳을 누비며 항해한 시간만 5년. 탐사를 마친 후에도 20여 년 동안 산더미 같은 자료와 표본을 정리하며 진화론을 세우기 위해 모든 것을 바쳐 온 다윈으로서는 하늘이 무너지는 순간이었습니다.

월리스는 다윈에게 자신의 논문을 발표해 달라는 부탁을 하지 않았지만 다윈은 마땅히 그렇게 해야 한다고 생각했습니다. 하지만 이대로 논문을 내게 되면 진화론은 월리스의 것이 되어 버립니다. 그러면 '다윈의 진화론'이 아니라 '월리스의 진화론'이 될 것입니다. 누군가 선수를 칠지 모른다며 빨리 논문을 작성하라고 성화를 부렸던 친구들의 목소리가 귀에 쟁쟁했지만 이미 엎질러진 물이 되었지요.

물론 다윈이 논문을 아예 안 쓴 것은 아닙니다. 그러니까 15년 전이미 다윈은 진화론의 얼개를 담은 논문을 작성해 친구들에게 설명한 적이 있었습니다. 그러나 논문을 정식으로 출판한 것도 아니고 학회지에 보낸 것도 아니었기 때문에 공식적으로 인정받기는 어려웠습니다.

위기에 몰린 다윈을 구한 것은 친한 벗이며 저명한 학자였던 찰스 라이엘과 조셉 후커였습니다. 이들은 다윈에게 예전에 작성해 놓은 논문과 월리스의 논문을 동시에 제출할 것을 권했습니다. 얼마 후 다윈과 월리스의 논문은 린네학회에서 공동으로 발표되었으며 학회지에 나란히 실리게 되었습니다. 이로써 다윈은 자신의 업적이 월리스의 논문 때문에 빛바래는 것을 막을 수 있게 되었습니다. 다행스러운 일은 월리스가 자신의 논문이 먼저 발표되지 않은 것에 대해 불만을 갖지 않았다는 사실입니다. 오히려 월리스는 강연을 통해 진화론을 다윈의 이론이라고 소개했고 다윈 역시 월리스가 진화론을 자기와 상관없이 독립적으로 발견했다고 강조했습니다.

그런데 만약 이런 역사적 사실과는 달리 월리스가 자신이야말로 진화론을 최초로 발견한 사람이라고 주장했다면 다윈은 어떻게 되었을까요? "아무도 2등은 기억하지 않는다"는 예전의 국내 모 대기업의 광고처럼 우리는 월리스의 진화론을 공부하고 학교에서 시험도 치렀을까요? 전화기 발명가 일라이셔 그레이처럼 다윈은 그렇게 잊혀진 사람이 되었을까요?

그레이는 벨보다 2시간 늦게 전화기 발명 특허를 냈습니다. 먼저 특허를 낸 그레이엄 벨은 전화기를 발명한 사람으로 기억되지만 특허는 2등을 기억하지 않습니다. 하지만 이런 상상을 해볼 수 있지 않을까요? 다윈과 월리스가 그랬던 것처럼 벨과 그레이가 함께 특허를 냈더라면 어땠을까요? 특허를 출원했던 당시만 비교해 보면 그레이의 전화기 성능이 더 우수했다고 하는데 둘이 서로의 약점을 보완하고 협력했다면 어땠을까요?

하지만 현실은 정반대였습니다. 그레이는 자신의 특허가 인정되지 않자 벨이 세운 기업을 상대로 수많은 소송을 걸었습니다. 때문에 벨은 오랫동안 그레이와 싸워야 했고 그레이의 기술을 사들인 기업과도 크고 작은 소송전을 치러야 했지요. 벨은 18년 동안 무려 600여 건의 특허 소송을 당하는 이른바 '벨의 전쟁'을 벌였습니다. 하지만 벨은 끝까지 특허를 지켰고 최초의 전화기 발명자로 기억되고 있습니다.

'벨의 전쟁'이 끝난 지 100여 년이 지난 지금 세상을 바꿀 발견을 놓고 또 다른 특허 전쟁이 생물학 분야에서 터졌습니다. 바로 크리스퍼 유전자입니다. 크리스퍼 유전자는 30여 년 전에 발견되었지만 이 것으로 유전자 가위를 만들 수 있다는 사실은 2012년 제니퍼 다우드나와 에마뉘엘 샤르팡티에에 의해 처음 밝혀졌지요.

크리스퍼 유전자는 세균의 DNA에 들어 있는 독특한 염기 서열인데 요구르트를 제조하는 회사의 연구자들이 유산균을 연구하다 우연히 이 유전자가 바이러스에 저항성을 갖는다는 사실을 발견했습니다. 박테리아에 침입한 바이러스의 DNA를 잘라 내어 그 조각을 자신의 염기 서열 안에 잘 보관하고 있다가 나중에 바이러스가 들어오면 그 조각에 맞는 바이러스 DNA를 찾아내 잘라 내는 것입니다. 범인의 얼굴을 컴퓨터에 저장해 두었다가 범인이 다시 나타나면 얼굴을 대조해 잡아내는 보안 시스템과 비슷한 원리입니다. 하지만 그들은 크리스퍼 유전자가 어떻게 작동하는지 정확한 메커니즘은 알아내지 못했습니다.

다우드나와 샤르팡티에가 거둔 성과는 크리스퍼 유전자의 염기 서열을 복사한 RNA가 네비게이션처럼 표적이 되는 바이러스를 찾아내고 함께 따라간 Cas9단백질이 표적 DNA를 잘라 낸다는 사실을 밝혀낸 것이지요. 더 나아가 이들은 자르고 싶은 DNA의 염기 서열에 맞춰 RNA를 설계하고 제작할 수 있다는 것도 알아냈습니다. 요컨대 이들은 크리스퍼 유전자 가위를 발명한 것입니다.

유전자 가위 특허 전쟁

2012년 5월 다우드나와 샤르팡티에는 미국 특허청에 크리스퍼 유전자 가위 특허를 최초로 출원했습니다. 같은 해 10월에는 국내 기업 툴젠이 출원했고 12월에는 펑 장 교수가 속한 브로드연구소가 관련 특허를 출원했습니다. 그리고 2014년 4월 브로드연구소가 가장 먼저 특허를 취득했습니다. 상식적으로 보면 다우드나와 샤르팡티에가 제일 먼저 출원했기 때문에 이들에게 특허가 나오는 것이 맞겠지만 결과는 그렇지 않았습니다. 물론 여기에는 나름의 이유가 있습니다.

브로드연구소는 '우선 심사 제도'를 이용해 특허 심사를 먼저 받았습니다. 미국의 우선 심사 제도는 특허청에 돈을 더 내면 출원 순서에 상관없이 빨리 심사를 마칠 수 있도록 도와주는 일종의 급행 서비스인데요. 브로드연구소가 전략적으로 이 제도를 이용한 것이지요. 한편 툴젠은 특허 등록에 실패했습니다. 다우드나-샤르팡티에의 특허보다 늦게 출원한 탓도 있지만 이들의 기술과 별다른 차이가 없다는 데 더 큰 이유가 있었습니다.

다우드나와 샤르팡티에는 2018년 6월이 되어서야 미국 특허를 받았습니다. 가장 먼저 출원했지만 브로드연구소보다 무려 4년이나 늦게 특허를 받은 것이지요. 하지만 이들에게 날짜는 크게 중요하지 않았습니다. 크리스퍼 유전자 가위와 관련해 또 다른 특허가 나왔다는 것은 미국 특허청이 이들의 특허를 다르게 본다는 것을 의미하며 따라서 중요한 것은 특허 등록 날짜가 아니라 특허의 내용이었지요. 즉 자신들의 기술이 상대방과 어떻게 다르며 어디까지를 독점적으로 인정받을 것인지가 이들의 최대 관심사였습니다.

브로드연구소의 주장에 따르면 다우드나와 샤르팡티에의 특허는 크리스퍼 유전자 가위가 박테리아 즉 원핵 세포에 적용되는 것에 불과하지만 자신들의 특허는 진핵 세포에 적용될 수 있다고 합니다. 특히 진핵 세포에 적용되는 기술은 다우드나와 샤르팡티에의 것과 완전히 다르기 때문에 자신들의 특허가 유효하다고 주장합니다. 핵심인즉 자신들의 기술은 다우드나와 샤르팡티에의 특허에 포함되지 않는다는 것이지요.

반면 다우드나와 샤르팡티에의 특허 소송을 담당하고 있는 미국 캘리포니아 대학 버클리 캠퍼스^{이하 UC버클리}는 자신들의 특허는 원핵 세포뿐만 아니라 모든 세포에 적용되는 원천 기술을 포함한다고 주장합니다. 다시 말해 UC버클리의 특허는 원핵 세포를 예시로 들었을 뿐 식물과 동물 세포를 포함한 모든 진핵 세포에 적용 가능한 기술이며 브로드연구소의 특허는 UC버클리의 기술을 식물과 동물에 적용한 것에 지나지 않는다는 것이지요. 따라서 UC버클리는 브로드연구소의 특허가 자신들의 특허 범위 내에 있기 때문에 무효라고 주장합니다.

미국에서 벌이는 이들의 특허 공방은 브로드연구소에 유리하게 진행되고 있습니다. 하지만 유럽에서는 브로드연구소의 특허가 일부 취소되는 등 지역에 따라 상황이 다르게 돌아가고 있습니다. 이들은 UC버클리와 브로드연구소를 앞세워 미국과 유럽뿐만 아니라 중국, 일본, 호주 등 전 세계에서 난타전을 벌이고 있습니다. 이 같은 진흙탕 싸움을 지켜보는 사람들의 마음은 편치 않습니다. 관련 연구자들의 마음은 더욱 착잡할 것입니다. 분쟁의 중심에 있는 다우드나도 자신의 저서 『크리스퍼가 온다』에서 이 상황을 '연구 초기에 대학끼리의 상호 작용과 순수한 마음으로 연구 결과를 공유한 열정이 낳은 암울한 모순'으로 묘사하고 있습니다.

연구자들이 자신의 연구실을 벗어나 다른 연구자들과 논쟁을 벌이는 것은 반드시 필요하지만 그것이 과학적 논쟁이 아니라 자신의 경제적 이익을 위한 다툼이라면 이야기는 달라집니다. 특히 다우드나와 펑 장이 거느린 기업을 보면 과연 무엇을 위한 특허 전쟁인가를 의심할 수밖에 없습니다.

2018년 9월 브로드연구소가 항소심에서 이겼다는 소식에 바이오 벤처인 에디타스 메디신의 주가는 7퍼센트 가까이 올랐고 인텔리아 테라퓨틱스의 주가는 5퍼센트가 넘게 떨어졌습니다. 에디타스 메디신은 펑 장이 브로드연구소 연구원들과 함께 세운 회사이고 인텔리아 테라퓨틱스 역시 다우드나가 중심이 되어 세운 생명 공학 기업인데요. 표면적으로는 특허를 놓고 UC버클리와 브로드연구소가 소송전을 펼치는 모양새지만 실상은 최소 수조 원에 달할 것으로 보이는 특허 사용료를 놓고 기업들이 벌이는 전쟁입니다.

결과가 어떻게 되든지 간에 앞으로 전 세계의 유전자 관련 연구소와 기업들은 크리스퍼 유전자 가위 특허 사용료를 지불해야 할 것으로 보입니다. 다우드나와 펑 장은 학계 연구자들에게 특허 사용료를 받지 않을 작정이라고 이야기하지만 에디타스 메디신과 인텔리아 테라퓨틱스의 생각은 다를 수 있지요. 투자자들에게 수익도 안겨 줘야 하기 때문입니다.

특허는 그 발명에 들인 개인이나 기업의 비용을 보상하고 기존 발명을 향상시키며 새로운 발명을 촉진시키는 것이어야 합니다. 특허를 일정 기간 독점적으로 이용하게 하는 것은 그런 이유에서입니다. 그러나 어떤 이들은 특허 제도의 허점을 악용하기도 합니다.

예컨대 생명 공학 기업인 미리어드 제네틱스는 BRCA유전자를 독점하고 있었습니다. 유방암과 난소암에 영향을 미친다고 알려진 BRCA1과 BRCA2를 검사하는 비용은 우리 돈으로 대략 490만 원에 달했는데요. 유방암을 예방하기 위해 유방 제거 수술을 받은 안젤리나 졸리는 당시 유전자 검사 비용이 터무니없이 비싸다며 가난한 사람들에게 이 비용은 장벽이라고 발언하기도 하였지요. 미리어드 제네틱스가 고가의 요금을 매길 수 있는 이유는 유전자 특허를 가졌기 때문이었습니다.

이들의 특허는 2013년 미 연방 대법원의 판결에 의해 무효가 되었습니다. 미리어드 제네틱스의 횡포를 참지 못한 한 시민 단체가 끈질기게 소송을 벌여 얻어 낸 결과였는데요. BRCA유전자는 자연적으로 생겨난 것이기 때문에 특허 대상이 될 수 없다는 시민 단체의 주장을 대법원이 적극적으로 받아들인 것입니다. 이로써 자연물에 특허를 부여하던 잘못된 관행에 제동이 걸렸습니다.

특허가 깨지자 많은 연구자들은 BRCA와 관련된 데이터를 공공 데이터베이스에 모으는 운동을 전개했습니다. 데이터가 많을수록 더 정확한 진단이 가능해지기 때문이지요. 사람들은 곧 미리어드 제네틱스가 힘을 잃을 것으로 예상했습니다. 하지만 아직까지 승승장구하고 있습니다. 그들이 보유한 유방암 환자와 그 가족들의 BRCA유전자의 분석 데이터가 공공 데이터보다 많고 이것이 다른 다양한 의료 정보 데이터와 결합해 또 다른 수익을 창출하는 상황입니다. 특허를 잃었어도 이 분야의 최강자로 군림하고 있는 것이지요.

이를 두고 한편에서는 바이오 산업에서의 데이터 선점과 축적 그리고 융합의 중요성을 이야기하기도 합니다. 하지만 미리어드 제네틱스의 데이터가 오랫동안 유전자를 독점했기 때문에 가능했다는 이야기는 들리지 않습니다. 그들이 그토록 풍부한 데이터를 모을 수 있었던 결정적인 이유가 20년 넘게 다른 사람이 이용할 수 없도록 BRCA유전자를 특허로 막아 놓았기 때문인데 말입니다.

과학자는 무엇으로 사는가

미리어드 제네틱스의 사례에서 보았듯이 특허가 다른 발명을 장려하고 우리의 삶을 풍요롭게 하는 것만은 아닙니다. 오히려 다른 발명을 가로막고 공공의 이익을 침해하기도 하지요. 그래서일까요? 위대한 과학자 중에는 자신의 발견과 발명을 특허로 내지 않는 경우가 종종 있습니다. 마리 퀴리와 빌헬름 뢴트겐이 그랬습니다.

라듐과 폴로늄의 발견과 그 연구로 노벨상을 두 번이나 수상한 퀴리는 특허를 신청하라는 정부의 강한 요청을 거부했습니다. 그는 오히려 전 세계 과학자들에게 자신의 연구 기록물을 보냈습니다. 그리고 편지에 이것은 인류를 위해 신이 준 선물이므로 그 누구도 독점할 수 없다고 적었습니다. 그는 연구 결과를 돈이나 명예의 수단으로 삼는 것은 과학 정신에 위배된다고 보았습니다.

X선을 발견한 뢴트겐 역시 특허를 내지 않았습니다. 그는 특허를 사겠다며 자신을 찾아온 독일의 한 재벌가에게 X선은 내가 발명한 것이 아니라 원래 자연에 있던 것을 발견한 것에 지나지 않고 따라서 X선은 온 인류가 공유해야 한다며 제안을 거절했다고 합니다. 당시만 해도 X선은 상업적 이용 가치가 높았기 때문에 뢴트겐이 X선 발생 장치나 그 이용 방법 등을 특허로 독점했다면 엄청난 부자가 되었을지 모르지요. 최초의 발견자였음에도 특허를 내지 않은 뢴트겐은 세상을 떠날 때까지 검소한 생활을 이어갔다고 합니다.

사실 전화기의 최초 발명자는 벨이 아닙니다. 전화기 형태를 띤 장

마리 퀴리. (앞쪽)
라듐과 폴로늄의 발견과 그 연구로 노벨상을 두 번이나 수상한 퀴리는 특허를 신청하라는 정부의
강한 요청을 거부했습니다. 그는 오히려 전 세계 과학자들에게 자신의 연구 기록물을 보냈습니다.

치는 1844년부터 여러 나라에서 개발되기 시작했습니다. 특히 안토니오 무치는 벨이 특허를 신청하기 전에 벨의 것보다 더 좋은 전화기를 실제로 만들었습니다. 하지만 특허는 벨에게 넘어갔습니다. 이에 미국 의회는 2002년 무치를 최초의 전화기 발명자로 인정했고 벨은 발명자가 아닌 최초의 특허권자로만 남게 되었습니다.

하지만 우리는 여전히 전화기를 발명한 사람으로 벨을 기억합니다. 이유는 벨이 수백 건에 달하는 특허 소송에서 이겼기 때문만이 아니지요. 벨은 전화기가 우리 생활을 어떻게 변화시킬지를 깨달았고 여기에 강한 확신을 가졌습니다. 최초의 발명자는 아니었지만 전화기를 끊임없이 개량하고 발전시켜 오늘날 우리가 사용하는 전화기의 모습으로 진화시킨 장본인, 이것이 우리가 벨을 기억하는 이유입니다.

우리가 월리스의 진화론이 아니라 다윈의 진화론으로 기억하는 이유는 그의 열정 때문입니다. 월리스의 논문이 먼저 발표되어 진화론의 창시자로 기록되었다 해도 우리는 여전히 다윈의 진화론을 공부했을 것입니다. 왜냐면 진화론을 확고히 세우고자 했던 그의 열정을 누구도 따라올 수 없었기 때문이지요.

공동 발표가 있던 그 이듬해 다윈은 자신의 저서 『종의 기원』을 통해 자연 선택설에 의한 진화를 설득력 있게 주장합니다. 이로써 다윈은 모든 생물종은 신이 창조했으며 따라서 변할 수 없다는 종교적 세계관에 사망 선고를 내립니다. 종교계는 강하게 반발했고 논쟁은 그치지 않았지만 이에 맞서 다윈은 13년 동안 내용을 더하고 빼고 끊임없이 수정하면서 『종의 기원』 그 자체를 진화시켜 나갔습니다. 다윈은 노년에 들어서도 진화론을 더욱 단단한 이론으로 만들기 위해 최선을 다했습니다.

반면 월리스는 한때 골상학과 심령술에 빠졌으며 말년에는 인간의 진화에 신이 개입했다는 주장을 펴기도 했습니다. 월리스는 자연선택에 의한 진화론을 다윈과 거의 동시에 발견했고 다윈보다 자연선택설을 더 강하게 지지했던 과학자였지만 진화론에 대한 확신은 다윈보다 못했던 것입니다. 다윈의 진화론이 왜 다윈의 진화론이어야 하는지 그 이유가 여기에 있는 것이지요.

크리스퍼 유전자 가위 특허 전쟁을 벌이고 있는 연구자들은 자신들이 어떤 사람으로 기억될지 알고 있을까요?

5

신이 되려는
인간

유전자 가위는 안전한가?

지난 수십 년간 생물학의 눈부신 발전은 의학 분야에 커다란 변화를 가져왔습니다. 인슐린을 생산하는 대장균과 사람의 귀를 등에 단 생쥐 그리고 체세포를 배아 세포로 역분화시키게 된 것은 그러한 성과 중 하나죠. 특히 요구르트를 만드는 유산균이 바이러스로부터 자신을 보호하기 위해 진화시킨 크리스퍼 유전자에 대한 연구는 인간 배아 유전자를 편집하고 인공 세포를 일부 합성할 수 있는 수준에 이르렀습니다.

이런 가운데 중국의 한 연구자인 허젠쿠이가 2018년 11월 유튜브를 통해, 유전자 편집 기술로 에이즈 바이러스에 감염되지 않는 아기를 태어나게 했다고 주장해 세상을 떠들썩하게 만들었습니다. 당장 과학계는 벌집을 쑤신 듯 난리가 났는데요. 허젠쿠이의 주장이 사실이라면 그는 유전자 변형 아기 즉 디자이너 베이비^{맞춤 아기}를 탄생시킨 것이기 때문이지요. 생물학 연구자들은 언젠가 이런 날이 올지 모른다고 우려했지만 막상 일이 터지자 몹시 당황하고 또 한편으로는 분노했습니다. 크리스퍼 유전자 분야를 개척한 제니퍼 다우드나를 비롯한 수많은 연구자들이 입을 모아 허젠쿠이를 비난했고 세계적인 과학 학술지 〈네이처〉는 허젠쿠이를 '유전자 가위 악당'으로 불렀으며 〈MIT테크놀로지 리뷰〉 또한 그의 연구를 2018년 가장 실패한 기술 'TOP 5'에 올리면서 아주 선정적이고 악랄한 기술 중 하나로 평가했지요. 그러나 관련 연구자들 대다수가 분개하고 있는 것과 달리 허젠쿠이 본인은 논란을 일으킨 것에 대해 사과하지만 연구 성과는 자랑스럽다고 밝혀 더욱 논란이 되었습니다.

사실 허젠쿠이를 향한 과학계의 분노는 그가 악의적인 기술을 사용했다거나 허가받지 않은 배아 실험을 했기 때문이 아닙니다. 그는 분자 생물학 실험실에서 흔히 사용하는 크리스퍼 유전자 가위를 인간 배아에 적용했을 뿐이죠. 중국에서 유전자 가위를 이용한 인간 배아 실험은 불법이지만 당국이 강하게 규제하지 않기 때문에 사실상 합법입니다. 더욱이 그는 유전자 변형 배아를 만든 최초의 연구자도 아닙니다.

인간 배아 편집은 2015년 한 연구진이 시도해 성공한 바 있으며 2016년에는 또 다른 연구팀이 허젠쿠이와 마찬가지로 CCR5 유전자를 변형시킨 배아를 만들기도 했습니다. CCR5 유전자는 에이즈 바이러스가 우리 몸에 침투할 때 출입문 역할을 하는 단백질을 만드는데요. CCR5 유전자가 변형되면 출입문의 구조도 변하기 때문에 에이즈 바이러스가 들어올 수 없습니다. 유럽인의 1퍼센트 정도는 선천적으로 변형된 CCR5 유전자를 갖고 태어나기 때문에 에이즈에 걸리지 않는다고 합니다. 따라서 CCR5 유전자를 조작해 일부 유럽인의 유전자와 같은 형태로 변형시킬 수 있다면 에이즈에 감염되지 않을 수 있는 것이지요.

허젠쿠이의 실험은 이것의 연장선상에 있습니다. 즉 크리스퍼 유전자 가위를 이용해 CCR5 유전자를 배아 단계에서 변형시키는 것까지는 서로 같지요. 하지만 허젠쿠이는 한 걸음 더 나아가 편집된 배아를 자궁에 착상시키고 임신을 유도했습니다. 과학계가 분노한 진짜 이유는 바로 여기에 있습니다. 인간 배아 유전자를 편집하는 기술은 아직 안전 테스트도 거치지 않은 위험한 도구일 뿐인데 말입니다. 더군다나 우리 사회는 이것이 윤리적으로 옳은지 그른지에 대한 합의조차 없는 상태입니다. 허젠쿠이는 기술적으로나 윤리적으로나 해서는 안 될 일을 한 겁니다. 요컨대 그는 금기를 깬 것입니다.

2012년이 되어서야 모습을 드러낸 크리스퍼 유전자 가위는 그 비약적인 발전에도 불구하고 아직 사용 설명서도 제대로 갖추지 못한 상태입니다. 사용법보다 가위를 먼저 만들었기 때문이죠. 유전자 가위의 안전한 사용법을 마련하기 위해 연구자들이 애쓰고 있지만 아직 만족스런 답을 얻지 못하고 있습니다.

유전자 가위가 안고 있는 기술적 문제는 크게 두 가지입니다. 하나는 표적 이탈Off Target 효과인데요. 이는 아군의 저격수가 적군이 아닌 민간인을 맞추는 것입니다. 즉 유전자 가위가 표적으로 삼은 유전자가 아니라 다른 부분을 편집하는 것이지요. 이것은 유전자 편집 기술의 정확도를 떨어뜨리며 안전성을 의심스럽게 만드는 대표적인 원인 중 하나입니다. 다른 하나는 모자이크 현상인데요. 이는 염색이 잘못되면 옷감의 일부만 물이 들고 나머지는 물들지 않는 것처럼 일부 세포만 유전자 편집이 되고 나머지 세포는 편집이 되지 않아 결국 하나의 개체 안에 서로 다른 유전자들이 뒤죽박죽 섞이게 되는 겁니다. 허젠쿠이가 실험실에서 만든 쌍둥이 여자 아이인 루루와 나나는 이러한 문제점을 안고 태어났습니다.

또 다른 문제는 CCR5 유전자를 변형시켰을 때 두 쌍둥이 소녀의 몸에서 어떤 일이 벌어지는지 아무도 모른다는 것입니다. 이 유전자를 변형시키면 에이즈 감염을 막을 수 있는 대신 수명이 짧아지고 뇌염을 일으키는 웨스트나일 바이러스에 더 잘 감염될 수 있으며 뇌 기능을 향상시킬 수 있다는 정도만 파악했을 뿐, 우리가 이 유전자의 역할에 대해 아는 것은 별로 없습니다. 사실 우리는 2만 3000여 개가 넘는 인간 유전자 대부분의 역할을 정확하게 알지 못하지요. 하나의 유전자가 하나의 역할만 하는 경우는 거의 없죠. 따라서 유전자를 함부로 편집하고 변형시키면 안 되는 겁니다. 과연 허젠쿠이는 이런 사실들을 모르고 있었던 걸까요?

판도라의 상자를 연 허젠쿠이

허젠쿠이가 받아야 할 진짜 비난은 '착상 전 유전자 진단'이라는 에이즈 예방법이 있음에도 불구하고 루루와 나나의 배아를 편집했다는 것입니다. 앞서 이야기했지만 착상 전 유전자 진단은 원래 불임 부부의 시험관 아기 시술을 위한 검사로써 수정된 배아를 자궁에 착상시키기 전에 배아의 유전자를 조사하는 것입니다. 이 과정에서 유전병은 물론 에이즈 감염 여부도 확인할 수 있기 때문에 에이즈에 감염되지 않은 배아를 선별해 착상시킬 수 있지요. 이 진단법은 전 세계 병원에서 서비스되고 있으며 대학 생물학 교재에도 실리기 때문에 이것을 허젠쿠이가 몰랐을 리 없습니다. 에이즈에 감염되지 않은 아기를 태어나게 하는 것이 목적이었다면 그는 인간 배아 편집이 아니라 착상 전 유전자 진단을 했어야 마땅하죠. 다시 말해 루루와 나나의 배아를 편집해야 할 정당한 이유는 어디에도 없는 것입니다.

한편 에이즈를 치료할 방법이 아예 없는 것도 아닙니다. 한 연구팀의 논문에 따르면 성체 줄기세포를 이식해 에이즈를 치료할 수 있다고 합니다. 즉 선천적으로 변형된 CCR5 유전자를 갖고 태어난 기증자의 성체 줄기세포를 환자의 몸에 이식하는 것인데요. 하지만 이 방법은 에이즈를 치료할 수는 있어도 예방할 수 없으며 재발 가능성 또한 배제할 수 없기 때문에 완전한 치료법은 아닙니다. 물론 그렇다 해도 허젠쿠이가 받아야 할 비난의 몫이 줄어드는 것은 아니지요. 그의 원래 목적이 에이즈 감염으로부터 아이들을 구하는 것이 아님을 우리는 알기 때문입니다.

허젠쿠이는 당시 중국의 국립 대학 교수이면서 동시에 여러 기업의 대주주이자 대표 이사였습니다. 언론 보도에 따르면 그가 대표로 있는 여섯 개의 회사 중 하나는 유전자 검사 서비스를 제공하고 있는데 수십여 개의 특허를 보유하고 있으며 수백억 원에 달하는 투자를 받았다고 합니다. 물론 연구자가 자신의 기업을 차리고 운영하는 것은 불법이 아니죠. 또한 정부가 지원한 대학이나 연구소의 과학적 성과를 산업화하는 것은 국가 경제에 도움이 되기도 합니다. 그러나 만약 자신의 연구를 자기가 대주주로 있는 기업의 이익에 활용한다면 그 연구자의 생명 윤리는 의심받을 수 있지 않을까요? 암묵적인 금기를 깨면서까지 유전자 변형 아기를 만들고 또 유튜브를 통해 전 세계에 광고했던 허젠쿠이가 과연 이윤 추구보다 생명 윤리를 더 소중히 여겼을지 의문인 까닭입니다.

생명윤리위원회[IRB] 규정에 따르면 연구자는 실험 대상자에게 실험의 목적과 실험 과정 중에 일어날 수 있는 위험을 자세히 알려 줄 의무가 있는데요. 어찌된 일인지 허젠쿠이는 난자와 정자를 제공하고 착상을 시도할 부모들을 모집하면서 실험 내용을 제대로 설명하지 않았다고 합니다. 어쩌면 그에게 배아는 생명체의 씨앗이 아니라 그저 실험용 세포 덩어리에 불과하고 생명윤리 또한 거추장스러운 절차에 불과했을지 모릅니다.

에이즈를 막을 현실적인 방법이 있었는데도 굳이 루루와 나나의 배아를 편집하고 착상까지 감행한 허젠쿠이지만 모든 연구자가 그를 비난한 것은 아닙니다. 크리스퍼 유전자 가위의 권위자 중 한 명인 조지 처치도 그중 한 명이죠. 그는 세계적인 과학 학술지인 〈사이언스〉와의 인터뷰를 통해 "의학적 성과가 아주 없는 것은 아니다"라며 허젠쿠이를 두둔했습니다. 하지만 대부분의 연구자들은 허젠쿠이의 연구가 무의미하다고 생각합니다. 기술적으로도 아무런 향상이 없다고 입을 모으는데요. 왜냐면 허젠쿠이는 유전자 가위의 원천 기술 개발자가 아니며 단순 사용자에 불과하기 때문이지요. 언론 보도에 따르면 허젠쿠이가 이용한 유전자 가위는 해외 업체를 통해 구매한 것이라고 합니다.

그렇다면 더더욱 의문이 생깁니다. 그가 한 것이라곤 인터넷으로 유전자 가위를 구매한 것과 이를 통해 편집된 배아를 착상시킨 것이 전부이기 때문입니다. 사실 인간 배아를 편집하고 아기를 탄생시킬 수 있는 능력도 허젠쿠이의 독보적인 기술이 아닙니다. 인간 배아 편집은 세계 여러 나라의 실험실에서 이루어지고 있지만 절대다수의 연구자들은 착상을 시도하지 않거든요. 한국을 비롯한 각국의 연구진들이 유전자 변형 아기를 만들어 낼 수 있는 기술을 이미 보유하고 있지만 편집한 배아로 임신을 유도하지는 않지요. 따라서 다음 질문은 여전히 유효합니다. 허젠쿠이는 도대체 왜 그랬던 것일까요?

인간 배아 편집에 관한 한 허젠쿠이는 판도라입니다. 판도라는 그

〈판도라〉, 존 윌리엄 워터하우스, 1896년.
신화 속에서는 판도라의 상자에서 튀어나온 분노와 증오 등 온갖 재앙이 인간을 신음하게 만들었지만 허젠쿠이가 열어젖힌 상자에서 무엇이 쏟아져 나올지는 모릅니다. 하지만 또 다른 루루와 나나가 나타날 것만은 분명합니다.

리스 신화에 나오는 아름다운 여인인데요. 대장간의 신인 헤파이스토스가 여신처럼 아름다운 모습으로 판도라를 빚어 내자 다른 신들이 재능을 불어넣어 주었고 선물도 주었습니다. 제우스의 선물은 멋진 상자였는데 절대 열지 말라는 경고도 함께 받았습니다. 하지만 판도라는 유혹을 견디지 못하고 마침내 상자를 열게 되죠. 신화 속에서는 판도라의 상자에서 튀어나온 분노와 증오 등 온갖 재앙이 인간을 신음하게 만들었지만 허젠쿠이가 열어젖힌 상자에서 무엇이 쏟아져 나올지는 모릅니다. 하지만 또 다른 루루와 나나가 나타날 것만은 분명합니다.

'신의 도구'를 어떻게 사용할 것인가

　루루와 나나의 배아 유전자를 편집한 기술은 멋진 체형과 뛰어난 지능을 가진 아이를 만들어 내는 기술이기도 합니다. 생명을 구하는 외과 수술과 얼굴을 고치는 성형 수술이 기술적으로 별 차이가 없는 것처럼 크리스퍼 유전자 가위를 이용해 의료용 편집을 하는 것과 디자이너 베이비를 만드는 것에는 기술적으로 아무런 차이가 없지요.

　게다가 크리스퍼 유전자 가위는 입자 가속기나 천체 망원경처럼 특정 연구자들만 사용할 수 있는 도구가 아닙니다. 단돈 몇만 원이면 구입할 수 있을 정도로 저렴하며 강력하기까지 합니다. 사용법도 간단해 마음만 먹으면 전문 연구자가 아니더라도 실험을 할 수 있지요. 허젠쿠이가 유전자 편집으로 아기를 만들 수 있다는 것을 보여 주었으니 이름 모를 연구자들이 앞다투어 실험실로 달려갈지 모릅니다.

　물론 세계 각국의 생명 윤리법은 인간 배아 편집 자체를 하지 못하도록 규제하거나 허용하더라도 실험실을 벗어나지 못하게 하고 있습니다. 편집된 배아를 착상시켜 임신을 유도하는 것은 모든 국가에서 금지하고 있거든요. 그렇지만 생명 윤리법이 있다 해도 중국처럼 규제가 느슨한 국가에서는 얼마든지 인간 배아를 실험할 수 있습니다. 따라서 바다 건너 어딘가에서 새로운 루루와 나나가 태어날 것이라고 예상하는 것은 억측이 아니지요.

더군다나 제2, 제3의 루루와 나나는 의료용 편집에 머물지 않을 것입니다. 장바구니에 원하는 상품을 골라 넣듯 유전자를 쇼핑할지 모르지요. 예컨대 지능과 외모, 운동 능력을 증가시키고 강화시키는 것입니다. 이제 생명은 뜻밖의 선물로 주어지는 것이 아니라 부모의 욕망을 담는 상품으로 여겨질 것입니다. 애초에 유전자 편집은 의학적 연구로 출발했지만 종착역은 상업적 유전자 성형이 될지 모르지요. 요컨대 지능과 외모, 신체 능력을 돈과 권력으로 여기는 시대에 우월한 유전자는 최고의 상품이 될 것입니다.

루루와 나나는 '유전자 편집 아기 1호'라는 타이틀을 붙인 채 평생을 추적 관찰 당하고 미디어와 주위의 시선을 의식하며 살아가야 합니다. 이 아이들이 커서 자아 정체성을 찾아갈 나이가 될 무렵 자신들의 동의 없이 배아가 조작되었다는 사실을 알게 된다면 커다란 정신적 충격을 받을 수도 있지요. 하지만 이들의 삶을 누가 책임질 수 있을까요?

한편 미래 사회에는 유전자 쇼핑으로 태어난 아이들이 새로운 유전자 계급을 형성할지 모릅니다. 예컨대 1978년 체외 인공 수정으로 첫 아기가 태어났을 때 사회적 충격은 대단했지만 현재 체외 인공 수정은 아기를 낳을 수 없는 부부에게 일반화된 시술법이지요. 심지어 이스라엘에서는 정부가 혼인 여부와 상관없이 모든 여성에게 무료로 제공할 정도라고 하니까요. 이런 사례를 통해 본다면 2018년에 태어난 루루와 나나가 '마지막' 유전자 편집 아기라고 말하기 어렵습니다. 다시 말해 유전자 성형을 통해 태어날 많은 아이들이 향상된 지적 능력과 우월한 신체적 능력을 바탕으로 부와 권력을 독점하고 새로운 유전자 계급을 형성하며 자녀를 통해 유전적 세습까지 한다면 우리 미래 사회에 계급 갈등은 필연적으로 발생할 것입니다.

또 한편 우리는 유전자 편집으로 태어난 아이를 보호하기 위한 공식적인 논의를 해 본 적도 없지요. 더 나아가 유전자 편집으로 태어난 사람과 그렇지 않은 사람들 사이에 생길지 모를 사회적 갈등에 대해 논의한 적도 없지요. 지금까지 생명 윤리법은 실험실에서 편집된 배아를 착상시키지 못하도록 하는 것에 집중했을 뿐. 유전자가 편집된 아기가 태어날 것을 예상하지 못한 거죠. 소 잃고 외양간 고치는 격이지만 지금이라도 각국의 정부는 생명 윤리법을 점검하고 새로운 유전자 계급의 출현을 포함해 유전자 편집 기술이 불러올 사회적 문제들에 대한 논의를 시작해야 할 것입니다.

연구자들은 허젠쿠이의 엇나간 행동을 비난하고 있지만 한편으로는 법적 규제가 강화되어 자신들의 연구 활동이 위축될까 우려하고 있습니다. 일부 연구자들은 유전병이나 난치병으로 고통받고 있는 환자와 환자의 부모를 생각해서라도 실험실 안에서의 인간 배아 편집 연구만큼은 허용해야 한다고 주장하기도 합니다. 환자와 환자 가족들을 생각하면 타당한 주장입니다. 또 윤리적으로 문제가 있지만 기초 연구 자체는 합법화해야 한다는 주장도 있습니다. 기술 혁신을 바란다면 틀린 주장도 아닙니다. 하지만 유전자 가위가 갖는 양면성을 생각한다면 법적 규제를 강화할지 말지 결정하는 문제는 신중히 판단해야 하지요.

지금껏 사람들은 생명이 태어나고 죽는 것을 자연의 이치라고 생각했습니다. 병들고 다치면 고칠 수 있지만 생명의 탄생과 죽음은 어찌할 수 없다고 여긴 것이지요. 종교의 가르침도 이것과 크게 다르지 않습니다. 하지만 노화를 막고 수명을 연장시키는 능력을 갖게 되면서 자연의 법칙과 신의 섭리를 거부하기 시작했고 급기야 자연적으로 만들어질 수 없는 아기를 만들어 냈습니다. 프로메테우스가 전해준 불은 이제 생명을 편집하고 합성하는 유전자 가위가 되었습니다. 허젠쿠이는 유전자 가위를 이용해 프로메테우스 흉내를 낸 것입니다. 그는 조물주 놀이에 흠뻑 취해 있던 것입니다.

조앤 롤링의 소설 『해리 포터』에서 악의 화신 볼드모트는 호크룩스 주문을 외웁니다. 금기된 주문이자 어둠의 마법인 호크룩스 주문은 그 누구도 감히 부르기를 거부했지만 볼드모트는 이 주문을 이용해 자신의 영혼을 무려 일곱 개로 쪼개고 말죠. 이로써 볼드모트는 불멸의 존재에 다가서지만 영혼을 쪼갠 응분의 대가를 치르게 됩니다.

현대 과학 기술은 역사상 그 어느 때보다 인간을 불멸의 존재로 만들 수 있는 순간에 근접했지만 이것을 이용해 성급히 생명을 변형하는 행위는 마치 볼드모트가 마법 지팡이로 호크룩스 주문을 외우는 것과 같습니다. 이제 유전자 가위라는 신의 도구를 손에 쥔 우리 인간이 무책임한 창조주 놀이를 계속할지 아니면 빨간 신호등 앞에서 잠시 대기할지는 아무도 모릅니다. 다만 모두가 지켜볼 일입니다.

4장 생물학,

도구로
말하다

안경 기술이 낳은 '벼룩경'

컴퓨터와 인터넷이 발명되기 이전에 정보를 나누고 전하는 최고의 발명품은 문자와 종이, 인쇄술이라고 할 수 있습니다. 최초의 문자는 5000년 전 수메르인이 사용한 쐐기 문자였고 종이는 기원전 2세기쯤 중국에서 제지 기술이 다듬어져 전 세계로 퍼져나갔지요. 또 본격적인 인쇄술은 15세기 중반에 발명되어 중세 유럽을 근대로 발돋움하게 하는 원동력이 되었습니다.

특히 양피지로 만든 성경책이 유일했던 시절에 금속 활자를 이용한 인쇄술은 성경책의 대중화라는 혁명적인 사건을 일으켰는데요. 이 무렵 성경책 한 권을 만들려면 새끼 양 수십 마리의 가죽이 필요했기 때문에 70여 권에 달하는 성경책 전권의 값은 무려 십여 채의 주택과 맞먹을 정도로 비쌌습니다. 따라서 중세 유럽에서 성경책은 성직자와 귀족 등 지배층의 전유물일 수밖에 없었고 성경은 그들의 입맛에 맞춰 시도 때도 없이 재해석되곤 했답니다. 그러나 16세기 이후 유럽의 발달된 종이 제조 기술이 인쇄술과 결합하게 되면서 성경책의 대량 생산이 가능하게 되어 귀족이 아닌 일반 시민들도 쉽게 교리 해석에 참여하게 되었지요. 이들은 민중을 억압하는 기존 종교계의 교리 해석을 비판하는 시각을 갖게 되었고 과거와는 다른 새로운 질서를 당당히 요구했습니다. 이러한 변화는 종교 개혁으로 나타났고 근대 유럽으로 향하는 마중물이 되었습니다.

인쇄술의 발달로 대량 생산된 책은 귀족과 일반인 구분 없이 널리 읽히고 책을 읽은 사람들이 많아지면서 생활 속의 변화 또한 커져 갔는데 그중 하나가 안경 수요의 폭발적 증가였습니다. 가까운 거리에 놓인 글자를 또렷이 읽지 못하는 '원시'는 나이 먹으면서 생기는 자연스러운 노화 현상 중 하나인데 글자가 안 보여 책을 읽지 못한 사람들에게 안경은 딱 맞는 물건이었던 셈이죠. 당시 안경은 무척 귀하고 비싼 아이템이라 일반인들이 구하기 힘들었는데 그럼에도 불구하고 인쇄물의 증가가 안경을 부족하게 만들고 이것은 다시 안경 제조업이 크게 팽창하는 계기로 작용하게 됩니다. 책의 보급이 안경 산업을 일으켰다니 엉뚱하지만 왠지 재밌지 않나요?

안경 수요의 급격한 증가는 안경 제조 기술을 발전시키고 이것은 다시 현미경의 발명을 재촉하게 되는데요. 16세기 말 안경을 만드는 일을 하던 한스 얀센과 그의 아들 자카리야스 얀센이 우연히 망원경을 거꾸로 보다가 현미경의 원리를 발견하게 되었지요. 이들은 세 개의 통과 두 개의 렌즈를 갖는 세계 최초의 복식 현미경을 만들었는데 망원경과 비슷하게 생긴 이 현미경은 10배 가까운 배율을 가졌고 주로 해양 탐사에 사용되었다고 합니다.

렌즈라는 명칭은 씨앗의 한쪽 면이 볼록한 모양을 갖는 렌즈콩을 닮았다고 해서 붙은 것이라고 합니다. 렌즈의 기원은 정확하지 않지만 기원전 2500년경 이집트의 무덤에서 석영 렌즈가 발견된 것으로 봐서 꽤 오래전부터 사람들이 다뤄 왔다는 사실을 알 수 있죠. "햇볕은 쨍쨍 모래알은 반짝~" 하고 부르는 노래에서 '반짝'에 해당하는 모래 성분 중 하나인 석영은 보통 수정이라고도 부르는데요. 화학적으로는 이산화규소가 결정화된 단단하고 투명한 돌입니다. 유리 가공 기술이 발달하기 전에는 커다란 석영을 갈아서 렌즈를 만들었다고 합니다.

얀센이 현미경의 원리를 터득한 이후 많은 사람들이 현미경 제작에 도전장을 내미는데요. 목성이 여러 개의 위성을 거느리고 있다는 사실을 최초로 발견한 갈릴레오도 그중 한 사람이었죠. 갈릴레오는 망원경뿐만 아니라 현미경도 자신이 만든 렌즈를 이용했다고 합니다. 그는 두 개의 볼록 렌즈를 이용한 복합 현미경을 이용해 파리를 관찰했는데 파리의 온몸이 털로 싸여 있고 털끝이 매우 뾰족하다는 사실을 관찰 기록으로 남겼지요.

이 당시 현미경은 광학 자체보다 기술적 한계에 더 큰 영향을 받았는데요. 즉 현미경의 성능이 수학적으로 배율을 설계하는 능력보다 렌즈를 깎고 다듬는 기술적 한계에 더 크게 좌우되었던 거죠. 이런 이유로 초기의 현미경은 생물학 연구를 위한 정밀한 도구라기보다 눈에 잘 보이지 않는 작은 생물을 확대해 보여 주는 신기한 장난감으로 여겨졌지요. 갈릴레오가 파리를 관찰했던 것처럼 사람들은 자기 주변의 벼룩을 잡아 관찰하는 경우가 많았다고 합니다. 그래서 현미경은 오랫동안 '벼룩경'이라는 이름으로 불리게 됩니다.

레이우엔훅의 현미경

'벼룩경'이라는 오명을 벗고 본격적으로 생물학 연구에 현미경이 사용되기 시작한 것은 그로부터 수십 년이 훨씬 지난 뒤였는데요. 네덜란드 암스테르담에서 포목점 점원으로 일하던 안톤 판 레이우엔훅이 만든 고성능 현미경은 미생물학의 출발을 알리는 신호탄이 되었답니다. 레이우엔훅은 비록 과학자는 아니지만 누구보다 렌즈에 관심이 많은 청년이었지요. 그는 렌즈 표면을 다듬는 기술을 혼자 개발하여 최고 260배율이 넘는 현미경을 내놓았습니다. 그 시절 다른 현미경이 기껏해야 40배율 정도에 그쳤다 하니 그의 기술력이 어느 정도였는지 알 만하죠.

줄리 M. 펜스터가 쓴 『의학사의 이단자들』을 보면 레이우엔훅에 대한 일화가 자세히 나오는데요. 레이우엔훅은 1632년 도자기로 유명한 네덜란드의 델프트에서 태어났고 그의 아버지는 도자기를 보호하는 바구니 제작업을 했다고 합니다. 여섯 살 되던 해에 아버지가 돌아가셨지만 양조장을 운영하는 외가 쪽에서 어머니 앞으로 매번 적지 않은 돈을 보내와 생활은 어렵지 않았던 모양입니다. 어릴 적부터 그의 관심은 사업하는 것이었기 때문에 우리나라의 고등학교에 해당하는 기숙 학교를 졸업하자마자 암스테르담의 옷감과 천, 원단을 파는 포목점에 들어가 장사를 배웁니다. 당시의 옷감은 지금처럼 자동화된 기계로 규격에 맞춰 생산되는 것이 아니었기 때문에 옷감마다 품질 차이가 있었다고 합니다. 아마도 호기심 많은 청년 레이우엔훅은 확대경을 이용해 섬유 조직을 검사하는 기술을 익히면서 일정한 면적 안에 실이 몇 겹으로 되어 있는지 눈으로 확인하고 좋은 옷감은 손님에게 자신 있게 권하기도 했을 겁니다. 또 틈날 때마다 주머니 속의 확대경을 꺼내 주변의 작은 물건이나 벌레를 잡아 관찰하기도 하며 눈에 보이지 않는 세계를 들여다보았을지도 모릅니다.

레이우엔훅이 청년 시절을 보낸 17세기 중반의 과학자들은 오늘날 학교 과학실에서 사용하는 것과 크게 다르지 않은 모양의 현미경을 사용하고 있었는데 성능은 형편없었지요. 낮은 배율에 상은 일그러지고 색까지 번졌으니 말입니다.

오목 렌즈와 볼록 렌즈를 하나씩 사용해서 만든 당시의 복합 현미경은 제작이 쉬웠지만 미시 세계를 제대로 관찰하기엔 성능이 한참 부족했지요. 그러다 레이우엔훅이 뛰어난 현미경을 제작하면서 불모지로 남아있던 미생물학에 햇살이 비추기 시작합니다.

레이우엔훅은 렌즈를 두 개 사용하는 복합 현미경 대신 렌즈를 하나만 사용하여 초점거리가 짧은 단순 현미경 형태를 설계했습니다. 이는 아마도 당시의 복합 현미경 기술로는 사물이 찌그러져 보이는 구면 수차와 렌즈 주변부가 무지개색으로 번져 보이는 색 수차 문제를 해결할 수 없다는 사실을 알고 있었기 때문으로 보이는데요. 그의 현미경은 초점을 맞추는 조절 나사 부분을 포함하여 폭 3센티미터, 높이 7센티미터로 주머니에 쏙 들어갈 정도로 작은 현미경이었지요. 그는 자신이 익힌 광학 이론을 충분히 활용해서 공 모양으로 렌즈를 연마하고 광택을 내는 독자적인 기술을 개발한 것으로 보입니다.

레이우엔훅은 머리카락과 곰팡이, 벌레 등 주변에 있는 거의 모든 것을 현미경으로 관찰했는데요. 비 온 뒤 지붕 위를 흘러 떨어지는 빗물을 관찰하여 깨끗한 빗방울에서 볼 수 없는 미생물을 발견하기도 했습니다. 또 자신의 치아에서 긁어낸 치석 안에 살아 움직이는 박테리아를 관찰하고 인간 적혈구가 원형이고 물고기 적혈구가 타원형이라는 것도 밝혀내 생물학의 발전에도 기여했다고 합니다. 그는 이 같은 사실들을 관찰하고 정리 기록하여 영국왕립학회와 프랑스 과학아카데미에 편지를 보냈는데 그 횟수가 각각 190회와 27회에 달했다고 합니다.

귀족도 아니고 정식 교육도 받지 못한 아마추어 과학자 레이우엔훅은 처음으로 현미경을 만든 사람도 처음으로 현미경을 실험에 활

안톤 판 레이우엔훅.
레이우엔훅은 머리카락과 곰팡이, 벌레 등 주변에 있는 거의 모든 것을 현미경으로 관찰했는데요. 비 온 뒤 지붕 위를 흘러 떨어지는 빗물을 관찰하여 깨끗한 빗방울에서 볼 수 없는 미생물을 발견하기도 했습니다.

용한 사람도 아니었습니다. 그러나 누구보다 많은 미생물을 관찰하여 기록할 정도로 뜨거운 열정을 가진 사람으로 기억되고 있지요. 그 덕분일까요? 1680년 드디어 영국왕립학회는 레이우엔훅이 보인 성과와 열정을 높게 평가하여 학회의 일원으로 인정하고 메달을 수여합니다. 어느 기관보다 권위적이고 배타적인 왕립학회에서 이런 일이 가능했던 이유는 물론 학회 회원들이 그의 관찰 결과를 신뢰했기 때문이었겠지만 사실 처음부터 그랬던 것은 아니라고 합니다. 보고서를 믿지 못한 왕립학회는 실험 관리인을 보내 사실을 확인하게 하는 등 이 아마추어 과학자에 대한 의심은 만만치 않았던 모양입니다.

당시 왕립학회를 대표해 조사를 담당한 실험 관리인은 로버트 훅이었습니다. 훅은 중고등학교 과학 교과서에 실리는 '훅의 법칙'으로도 유명한 물리학자인데요. 그는 이미 30배율의 현미경을 직접 만들어 주변의 작은 물체들을 관찰 기록한 그림책『마이크로그라피아 *Micrographia*』를 1665년에 출간한 전문가이기도 합니다.『마이크로그라피아 *Micrographia*』는 당시 베스트셀러였기 때문에 어쩌면 레이우엔훅에게 많은 영감을 주었을지 모르지요.

훅 또한 레이우엔훅처럼 자신이 직접 설계하고 제작한 복합 현미경으로 참나무 껍질을 관찰했는데요. 그 구조가 벌집처럼 다닥다닥 붙은 수도원의 작은 방들처럼 보였기에 훅은 그 이름을 따다가 Cell세포이라는 이름을 붙입니다. 생물의 구성 단위에 이름을 붙인 것은 그가 처음입니다. 그러나 아쉽게도 훅이 관찰한 것은 살아 있는 세포가 아니었습니다. 세포라고 생각했던 것은 세포가 아닌 세포벽이었지요. 참나무 껍질 쪽에 가까운 부분의 세포는 죽으면서 코르크층이 되는데 훅이 관찰한 것은 바로 이것이었죠.

현미경, 생물학적 진실에 다가가다

현미경은 레이우엔훅이나 로버트 훅뿐만 아니라 당대의 많은 생물학자에게 중요한 연구 장비였는데요. 마르첼로 말피기가 혈액 순환론을 완성하는 데에도 결정적인 역할을 합니다. 말피기는 신장의 기본 조직에 해당하는 말피기 소체를 발견한 과학자로도 유명한데 요. 그는 모세혈관의 존재를 밝혀내 혈액이 심장에서 동맥으로 흘러 나가고 다시 정맥을 통해 심장으로 들어간다는 윌리엄 하비의 혈액 순환설을 현미경으로 증명했습니다. 사실 하비는 혈액 순환론을 평 생 주장했지만 동맥과 정맥을 이어 주는 것이 무엇인지 알아내지는 못한 상태였죠. 그는 단지 동맥과 정맥 사이의 아주 작은 무언가를 통해 혈액이 이동한다고 생각했을 뿐입니다. 모세 혈관을 관찰할 현 미경이 아직 발명되지 않았을 때니까요.

확실한 증거를 내놓을 수 없었던 하비는 죽는 날까지 학계와 종 교계의 거센 반발에 시달렸습니다. 당시 사람들은 혈액이 우리 몸에 서 돌고 도는 것이 아니라고 생각했습니다. 그들은 간의 정맥에서 만 들어진 혈액이 자연 정기, 생명 정기, 동물 정기에 의해 온몸으로 퍼 진 뒤 그냥 사라진다는 고대 그리스의 의사이자 철학자였던 갈레노 스의 주장을 1000년 이상 신봉해 오고 있었는데요. 중세 유럽 사람 들의 입장에서는 갈레노스와 다른 이야기를 하는 하비의 주장이 근 거 없는 헛소리로 들릴 수밖에 없었지요. 더군다나 갈레노스가 말하 는 세 가지 정기가 기독교의 성부, 성자, 성령의 삼위일체론과 우연 히 맞아 떨어져 자칫 하비의 주장은 종교적 모욕으로 여겨질 수도 있 는 상황이었다고 합니다. 결국 하비는 온갖 조롱을 받으며 국왕 주치 의 자리에서 쫓겨나고 심지어 목숨의 위협마저 느끼게 되었죠. 억울 하게도 하비의 혈액 순환론은 그가 세상을 떠나고 4년이 흐른 뒤에야 사실로 증명되었습니다. 말피기의 현미경 관찰을 통해서 말이죠.

역사에 가정은 쓸데없다고 하지만 하비에게 레이우엔훅이나 훅의 현미경이 있었다면 어땠을까요? 말피기가 그랬듯이 현미경으로 모세 혈관에서 흐르고 있는 혈액을 확인할 수 있었다면 하비의 말년에 닥친 핍박은 좀 덜하지 않았을까요? 반대론자들에게 모세 혈관의 정체를 눈으로 보여 줄 수 있었다면 그들이 하비의 혈액 순환론을 찬성은 아니더라도 강하게 거부하지는 못했을 것입니다.

생물학 역사를 돌이켜보면 현미경이 생물학적 진실을 밝혀낸 뛰어난 도구라는 것은 확실해 보입니다. 눈에 보이지 않는 작은 세계가 현미경이라는 커다란 창문을 통해 빛의 속도로 업로드되면서 진실에 한 발자국 더 가까이 다가설 수 있었던 것이지요.

X선 회절분석기
-DNA 구조를 밝힌 빛의 상자

생물학 역사상 가장 유명한 사진

영화 〈엑스맨 퍼스트클래스〉[2011년]를 보면 주인공 찰스가 CIA[미국 중앙 정보국]국장에게 초능력을 가진 인간 돌연변이의 존재에 대해 설명하는 장면이 잠깐 나옵니다. 그때 찰스 뒤편에 걸린 스크린에 커다란 사진이 보이는데요. 마치 큰 붓으로 모르스 부호를 점점이 찍어 놓은 듯한 사진인데 전체적으로 알파벳 X자 모양을 하고 있죠. 이것은 얼핏 엑스맨의 X를 상징하는 것으로 오해하기 쉽지만 실상은 생물학의 역사와 관련 깊은 사진이랍니다. '사진 51'이라는 특이한 이름을 가진 이 사진은 이것과 관련된 과학자들에게 노벨 생리의학상을 안겨 주었을 뿐만 아니라 분자 구조에 기반한 현대 생물학이 탄생하는 계기도 마련해 주거든요.

생물학 역사상 가장 유명한 사진 중 하나인 '사진 51'은 1952년 로잘린드 프랭클린이 무려 100여 시간 동안 X선을 염색체에 쏘아 완성한 사진으로 알려져 있는데요. 사실 '사진 51'이 X선을 이용해 촬영되었다는 사실을 아는 사람은 적지요. 그리고 이 사진을 만들어 낸 X선 회절 분석기에 대해 아는 사람은 더욱 적답니다.

X선 회절 분석기는 X선이 회절하는 성질을 이용해 금속이나 염화나트륨, 단백질, 비타민 등 결정화된 물질의 내부 구조를 알아내는 분석 도구입니다. 회절은 장애물 사이의 좁은 틈을 통과한 파동이 둥글게 나이테 모양으로 퍼져 나가는 현상인데요. 이것은 빛이 입자이기도 하지만 동시에 파동이기 때문에 일어나는 현상입니다. 가시광선과 X선, 감마선 등 모든 전자기파는 입자이면서 동시에 파동이기 때문에 회절 현상을 볼 수 있습니다.

특히 X선을 고체 결정에 투과시키면 회절 현상 때문에 산란되는 X선을 볼 수 있는데요. 이때 산란되는 X선의 각도와 세기는 원자의 독특한 배열과 관계 있기 때문에 X선 회절 분석기를 이용하면 원자나 분자의 배치 구조 즉 물질의 미시 구조를 알아낼 수 있답니다.

X선은 1895년 빌헬름 뢴트겐이 음극선 연구를 하던 도중 우연히 발견했습니다. 음극선에 전류를 흐르게 하던 뢴트겐은 몇 미터 떨어진 책상 위의 백금 시안화 바륨을 바른 스크린이 밝게 빛나는 것을

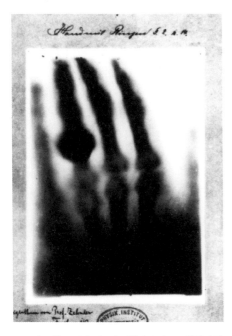

1895년 12월 22일에 최초의 의학적 목적으로 촬영된 뢴트겐 부인의 손 사진(손가락 마디의 불룩한 부분은 반지). X선은 1895년 빌헬름 뢴트겐이 음극선 연구를 하던 도중 우연히 발견했습니다. 인류에게 새로운 빛이 발견된 순간입니다. 뢴트겐은 이 빛에 잘 모른다는 의미로 X선이라는 이름을 붙여 주었답니다.

보았습니다. 음극선은 두꺼운 마분지로 싸맨 상태라 여기서 빛이 나올 리는 없었는데요. 뢴트겐은 여러 번의 실험 끝에 음극선에서 방사선이 나왔고 이것이 스크린을 밝게 한다는 사실을 밝혀냈습니다. 인류에게 새로운 빛이 발견된 순간입니다. 뢴트겐은 이 빛에 잘 모른다는 의미로 X선이라는 이름을 붙여 주었답니다.

X선은 가시광선이 통과하지 못하는 두꺼운 책이나 나무도 통과할 정도로 투과성이 좋지만 1.5밀리미터 이상 두께의 납은 통과하지 못

합니다. 병원에서 뼈 사진을 볼 수 있는 것은 바로 X선의 투과성의 차이를 이용한 것이죠. 밀도가 낮은 살과 근육은 X선이 잘 통과하지만 밀도가 높은 뼈는 잘 통과하지 못하거든요. X선은 결정을 이루는 원자와 원자 사이의 간격과 파장의 길이가 비슷하기 때문에 투과와 흡수, 산란 현상을 잘 보여 주는데요. X선보다 파장이 짧은 감마선은 원자들 사이를 그대로 통과하기 때문에 의미 있는 산란을 얻을 수 없다고 합니다. 반대로 X선보다 파장이 긴 가시광선이나 자외선은 고체 결정 표면에서 반사되거나 흡수되기 때문에 내부 구조를 알아낼 수 없습니다. 요컨대 X선의 파장 길이는 원자의 배치 상태를 알아내기에 적당하다는 것이지요.

X선은 고체 결정의 두께에 따라 투과되거나 흡수되지만 일부는 고체 결정 내부의 원자에 부딪치고 진행 방향이 꺾여 즉 회절되어 밖으로 나가기도 합니다. 이렇게 결정 밖으로 튕겨 나오는 X선은 필름이나 검출기에 부딪쳐 어두운 점들로 남아 회절 무늬라고 하는 독특한 이미지를 구성하게 되는데요. 회절 무늬는 원자의 배치 상태가 규칙적일수록 뚜렷한 점을 만들게 됩니다.

X선은 쏘는 위치와 각도에 따라 얻어지는 무늬가 달라지기 때문에 여러 방향에서 얻은 이미지를 종합하여 계산하면 물질의 원자나 분자의 배치 상태를 알아낼 수 있습니다. 하지만 X선이 남긴 것은 2차원 평면에 찍힌 점 몇 개뿐. 2차원 무늬로부터 3차원 구조를 밝혀내는 것은 거의 무에서 유를 창조하는 엄청난 작업이랍니다. 마치 사람 그림자만을 보고 그 사람을 그려내는 것처럼 이 과정에 수반되는 복

잡한 수학적 계산은 엄청난 시간을 요구하기 때문에 많은 과학자들을 좌절시켰다고 하지요. 따라서 X선 회절을 이용한 초기 연구에서는 염화나트륨 등 간단한 결정 구조밖에 규명하지 못했고 컴퓨터가 개발된 이후에 미오글로빈과 헤모글로빈 등을 차례대로 규명할 수 있게 되었지요.

이처럼 X선이 회절되는 경향을 분석하여 원자들이 배열된 구조 즉 물질의 미시 구조에 대한 정보를 알아내는 학문을 'X선 결정학'이라고 부르는데요. X선 결정학은 1901년 뢴트겐이 첫 노벨 물리학상 수상자가 된 이래 가장 많은 노벨상을 안겨준 연구 분야 중 하나고 이제는 100여 년의 역사를 가진 전통 학문이지만 1940년대만 해도 첨단 학문에 속했습니다. 그러니 전 세계 내로라하는 과학자들이 X선 회절 분야에 몰려든 것은 이상한 일이 아니었답니다. '사진 51'을 만든 프랭클린이 X선 회절 분석의 전문가로서 DNA 구조를 밝히기 위한 연구를 시작한 것 또한 바로 이 무렵이었습니다.

DNA의 구조를 밝힌 '사진 51'

20세기 초반까지만 해도 과학자들은 DNA가 유전 물질이라고는 전혀 생각하지 않았습니다. 과학자들은 핵 속에서 기다란 끈 모양의 DNA를 발견했고 DNA를 구성하는 네 가지의 염기도 알아냈지만 DNA와 유전은 상관이 없다고 여겼습니다. 그들은 오히려 각종 효소를 만들고 생명 활동에 절대적인 단백질이야말로 유전 물질로 손색이 없다고 생각했지요. 그러다 1944년 오즈월드 에이버리는 자신의 논문에서 죽은 폐렴 구균의 DNA가 다른 살아 있는 폐렴 구균의 형질을 전환시키는 것을 확인하고 DNA가 형질을 전환시키는 물질 즉 유전 물질임을 멋지게 증명했습니다.

1950년에는 어윈 샤가프가 DNA를 구성하는 네 가지 염기의 총량을 조사하여 이들 간에 특별한 비율이 있다는 논문을 발표하는데요. 즉 샤가프는 아데닌의 양과 티민의 양이 일대일로 같고 사이토신의 양과 구아닌의 양 역시 일대일로 동일하다는 것을 밝혀낸 것입니다. '샤가프의 법칙'이라고 부르는 이 발견은 DNA의 이중 나선 구조를 암시하고 있었지만 아쉽게도 샤가프 본인을 포함하여 당시에는 아무도 이 사실을 눈치 채지 못했습니다.

아무튼 DNA가 유전 물질이라는 사실은 여러 과학자들의 연구와 실험으로 밝혀졌는데 DNA는 네 가지 염기로 이루어져 있으며 그중 A아데닌과 T티민, C사이토신과 G구아닌이 각각 일대일의 비율로 결합한다는 대응 규칙까지 찾아냈지요. 쿠키를 만들 기본 재료는 모두 준비된 셈이고 이제 레시피만 있으면 됩니다. 이들을 화학적으로 조합할 방법만 알면 DNA의 구조를 밝혀낼 수 있는 단계까지 온 것이죠.

레시피를 제일 먼저 제시한 사람은 생화학 분야의 세계적인 권위자였던 라이너스 폴링이었습니다. 폴링은 X선 회절 패턴을 수학적으로 해석해 입체 모형을 만드는 연구를 했는데요. 그 역시 DNA를 실제로 보지 못했기 때문에 입체 분자 모형을 상상으로 만들어야 했지만 기본적인 원자의 크기와 위치, 각도 등은 모두 물리 화학적 계산에 따랐지요. 그는 연구 결과를 종합해 DNA의 삼중 나선 구조에 대한 논문을 발표했습니다. 그러나 그것은 정확한 레시피가 아니었습니다. 왜냐면 비슷한 시기에 제임스 왓슨과 프랜시스 크릭도 DNA가 삼중 나선 구조로 되어 있다고 생각을 하고 폴링의 것과는 조금 다른 DNA 입체 모형을 만들어 프랭클린에게 보여 주었으나 보기 좋게 퇴짜를 맞아 버렸거든요. 자신의 X선 회절 연구를 통해 DNA의 염기가 나선 구조의 안쪽에 자리 잡아야 한다는 사실을 알고 있었던 프랭클린은 그들의 모델이 잘못되었으며 안정적인 화학 결합을 할 수 없다고 신랄하게 지적을 한 것입니다.

왓슨과 크릭이 올바른 레시피를 얻게 된 결정적인 계기는 로잘린드 프랭클린의 '사진 51'이었는데요. X선 모양으로 정렬된 점들이 찍힌 X선 회절 사진을 본 순간 왓슨에게 DNA 구조가 이중 나선 형태일지 모른다는 생각이 스쳤거든요. 크릭과 함께 곧바로 DNA 모형 제작에 돌입한 왓슨은 DNA의 바깥쪽에 당-인산기를 배치해 뼈대처럼 세우고 그 안쪽에 염기를 눕혀 나선형으로 올라가는 계단처럼 놓았습니다. 당-인산기가 철도 레일이라면 염기는 철도 침목인 셈이지요.

여기서 왓슨과 크릭은 '샤가프의 법칙'을 떠올렸습니다. 아데닌과 티민, 사이토신과 구아닌을 상보적으로 수소 결합시켜 염기쌍을 만들면 신기하게도 샤가프의 법칙이 정확하게 맞아 떨어졌거든요. 여기서 상보적이란 열쇠와 열쇠 구멍처럼 아데닌은 오직 티민과 결합하고 사이토신은 오직 구아닌과 결합하는 것을 의미하는데요. 길게 연결된 염기쌍은 지퍼처럼 열리면서 두 가닥이 동시에 복제되는 메커니즘을 설명하기에 적합한 구조를 가졌으며 유전의 원리 또한 이것으로 잘 설명되었지요. 즉 염기쌍의 수소 결합은 공유 결합보다 약하지만 염기쌍을 보호할 만큼 충분히 강했고 복제를 위해 분리될 만큼 적당히 느슨했답니다. 드디어 여기저기 흩어져 있던 수수께끼의 단서들이 하나로 모였습니다.

프랭클린과 노벨상

1953년 봄, 자신들의 모형이 올바르다고 확신한 왓슨과 크릭은 세계적인 과학 학술지 〈네이처〉에 논문을 발표했습니다. 첫 페이지 왼쪽 모퉁이에 작은 이중 나선이 그려진 그들의 세 장짜리 초간단 논문은 분자 생물학의 서막을 올렸습니다.

왓슨과 크릭의 논문은 생물학의 커다란 진전 중 하나로 평가받고 있는데요. 특히 20세기 생물학이 분자 세계로 나가는 데에 결정적인 역할을 했습니다. 그러나 왓슨과 크릭은 그리피스와 에이버리, 샤가프의 실험 결과를 종합했을 뿐 그들이 직접 실험에 나선 적은 단 한 번도 없답니다. 이중 나선 구조에 대한 결정적인 단서를 제공한 '사진 51'도 프랭클린의 집요한 연구의 결과였지 그들 자신이 만든 데이터가 아니었지요. 선명한 X선 회절 패턴을 얻기 위해 DNA를 정제하고 결정화하는 작업에 왓슨과 크릭은 땀 한 방울 보태지 않았거든요. 심지어 왓슨은 '사진 51'을 프랭클린의 허락도 받지 않고 들여다보았습니다. 프랭클린의 동료인 모리스 윌킨스가 연구소를 방문한 왓슨에게 '사진 51'을 보여 준 것인데요. 여기에 보태 왓슨과 크릭은 프랭클린의 비공개 보고서를 몰래 들여다보기까지 했다고 합니다. 저자의 허락 없이 연구 자료를 보는 것은 과학계에서 허용하지 않는 행위인데요. 더군다나 그것은 프랭클린 자신도 규명하고자 밤낮없이 매달리던 DNA에 관한 것이었으니 말입니다. 요컨대 생물학의 판도를 바꿔 버린 그들의 논문은 극적이기는 해도 감동적이지 않았던 것이죠.

DNA의 이중 나선 구조 규명을 바탕으로 왓슨과 크릭, 그리고 왓슨에게 '사진 51'을 보여 준 모리스 윌킨스는 1962년 노벨 생리 의학상을 수상하게 되는데요. 하지만 정작 중요한 역할을 했던 프랭클린은 수상자 명단에서 제외됐습니다. 프랭클린은 이미 6년 전 난소암으로 세상을 떠났거든요. 그런데 사실 프랭클린이 살아 있었다고 해도 노벨상을 받았을지는 의문이라고 생각하는 사람들이 많습니다. 노벨상은 한 분야에 최대 세 명까지이며 살아 있는 사람에게만 수여한다는 규칙이 있거든요. 왓슨과 크릭을 제외하면 노벨상은 하나밖에 남지 않는데 남성인 윌킨스를 빼고 여성인 프랭클린에게 노벨상을 주지는 않았을 거라고 생각하는 거죠. 당시만 해도 성차별이 심하던 때라서 말입니다.

한편 왓슨은 자신의 발견에 결정적인 도움을 준 프랭클린에게 별다른 고마움을 표시하지 않았을뿐더러 도리어 비난하는 발언을 자

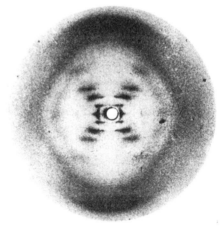

로잘린드 프랭클린과 '사진 51'
DNA의 이중 나선 구조 규명을 바탕으로 왓슨과 크릭, 그리고 왓슨에게 '사진 51'을 보여 준 모리스 윌킨스는 1962년 노벨 생리 의학상을 수상하게 되는데요. 하지만 정작 중요한 역할을 했던 프랭클린은 수상자 명단에서 제외됐습니다.

주 했는데요. 그는 자서전 『이중 나선』에서 자신의 성과에 대해 한껏 우쭐거리며 프랭클린을 '사진 51'도 제대로 해석하지도 못하는 사람으로 폄하했지요. 다만 10년쯤 뒤에 새로 펴낸 증보판에서 프랭클린의 업적을 인정하는 글귀를 달아 놓기도 했답니다. 그래도 양심은 조금 있는 모양입니다.

최근 4차 혁명이 떠오르고 학문간 경계가 불필요해지면서 기존의 지식을 통합적으로 사고하는 능력이 새롭게 주목받고 있죠. 그래서인지 하나의 분야에만 정통한 '스페셜리스트'보다 다양한 학문을 넘나들며 다른 사람과의 협업을 통해 문제를 해결하는 '제너럴리스트'가 각광받는다고 합니다. 이런 측면에서 왓슨과 크릭은 20세기 중반에 나타난 미래형 인재라고 볼 수 있습니다. 그들은 X선 회절 분야의 전문가가 아님에도 '사진 51'의 진가를 알아보았고 당대 석학들이 놓치고 있던 물리 화학과 생물학 분야의 여러 성과들을 통합적으로 연결했으니까 말입니다.

그러나 이중 나선 구조를 밝힌 왓슨의 능력은 높게 평가받아 마땅하지만 동료 과학자를 폄하하고 인격을 조롱하는 그의 행위는 분명 존경받을 만한 태도가 아니지요. 진정한 과학자라면 자신들의 성과가 다른 과학자들이 맞춰 놓은 거대한 퍼즐의 한 조각에 불과하며 그것으로 미래의 더 큰 그림을 채워 나간다는 사실을 깨달아야 합니다.

밀가루와 설탕, 우유, 버터가 있어야 쿠키를 만들 수 있고 몇 단계에 걸친 로켓의 추진력이 있어야 인공위성을 정상 궤도로 밀어 올릴 수 있는 것처럼 그들이 혼돈의 지평선 너머 DNA 구조까지 바라볼 수 있었던 결정적 이유가 '거인의 어깨' 즉 앞서서 이끌어 준 선배와 프랭클린 같은 동료 과학자들의 업적 위에 서 있기 때문이라는 사실을 잊어서는 안 되는 것입니다.

시간이 흐르고 흘러 이제는 나노 세계를 실시간으로 들여다볼 수 있는 새로운 도구인 '4세대 방사광 가속기'가 개발되었지만 여전히

X선 회절 분석기는 물질을 분석하고 신소재를 개발하는 기본적인 장비로 맹활약하고 있답니다. 회절 분석이라는 간접적 방법으로 물질의 내부를 들여다보는 방식은 아직까지 변함이 없지만 회절 패턴의 해석에 필요한 수학적 계산을 컴퓨터가 대신해 주면서 더욱 강력한 도구로 발전한 것이죠.

가장 먼저 DNA의 진실에 다가선 과학자였지만 가장 먼저 그 영예로부터 빗겨나간 프랭클린. 그에게 오늘날의 고성능 X선 회절 분석기가 주어졌더라면 어떤 일이 벌어졌을까 생각해 봅니다. DNA 시료 제작에 필요한 인내심을 가졌으며 X선 회절 기계를 개조할 만큼의 공학적 안목마저 갖춘 프랭클린이 DNA 이중 나선 구조의 수수께끼를 가장 먼저 풀었을지 모르는 일이지요.

3

PCR
-DNA를 증폭시키는 꿈의 장비

DNA 대량 복제기의 탄생

수천만 년 전에 화석화된 호박 보석. 노랗고 투명한 호박 안에 배가 불룩할 정도로 피를 빤 모기 한 마리가 보입니다. 호박에 가느다란 구멍을 뚫고 조심스레 주사 바늘을 찔러 넣어 피를 뽑아냅니다. 핏속에서 공룡의 DNA가 검출됩니다. 연구팀은 공룡의 DNA를 이용해 코스타리카의 한 섬에서 브라키오사우루스와 트리케라톱스, 벨로시랩터, 티라노사우루스 등을 화려하게 부활시킵니다. 그리고 이곳에서 인류가 경험해 보지 못한 중생대적 모험이 시작됩니다.

영화 〈쥬라기 공원〉은 공룡 피를 빤 모기에서 DNA를 추출해 공룡을 복원한다는 마이클 크라이튼의 동명 원작 소설 『쥬라기 공원』을 영화화한 것인데요. 분자 생물학의 위력을 세상에 널리 알린영화로도 유명하죠.

꽤 오래전 개봉된 영화 〈쥬라기 공원〉1993년 이야기입니다. 이 작품은 공룡 피를 빤 모기에서 DNA를 추출해 공룡을 복원한다는 마이클크라이튼의 동명 원작 소설 『쥬라기 공원』을 영화화한 것인데요. 〈쥬라기 공원〉은 컴퓨터 그래픽의 역사를 새롭게 쓴 영화답게 세계적인흥행을 거두었을 뿐만 아니라 분자 생물학의 위력을 세상에 널리 알린 영화로도 유명하죠. 그러나 영화는 영화일 뿐. 감독은 재미를 더하기 위해 고증되지 않은 공룡들을 대거 선보입니다. 원래 공룡보다 열 배나 무거운 벨로시랩터를 상상으로 그려 내는가 하면 깃털 달린 공룡은 아예 한 마리도 등장시키지 않은 것이지요. 더군다나 티라노 사우루스 등 영화에 등장하는 공룡들은 제목과는 달리 모두 백악기 공룡이랍니다.

어쨌든 공룡처럼 과거에 멸종한 동물을 복원하려면 수없이 많은 실험을 해야 하는데 그때마다 DNA가 대량으로 필요하게 됩니다. 즉 DNA를 빠르게 대량으로 복제할 수 있는 장치가 절대적으로 필요하다는 말이지요. 과거에 DNA 복제는 생물의 세포 안에서 일어나는 자연적인 현상이기 때문에 물리적으로 복제한다는 것은 허무맹랑한 상상에 가까웠습니다.

PCR중합효소 연쇄반응은 이를 현실로 만든 도구랍니다. PCR은 미량의 DNA 조각을 수십억 개로 증폭하는 장치인데요. 두어 시간만 가동시키면 원하는 양만큼 DNA를 얻을 수 있고 책상 위에 올려놓을 수 있을 만큼 소형화도 가능합니다. 유전자를 다루는 실험실이라면 어디든 하나씩 갖고 있는 한마디로 약방의 감초 같은 실험 도구이지요. PCR은 캐리 멀리스가 1983년에 발명했고 그 공로로 〈쥬라기 공원〉이 개봉된 1993년 겨울에 노벨 화학상을 거머쥐게 되었습니다.

멀리스에 따르면 그 원리를 생각해 낸 것은 1983년 어느 봄날 밤이었다고 합니다. 금요일 밤 여자 친구와 함께 캘리포니아 고속도로를 달리던 중 멀리스의 눈앞에 DNA 사슬이 펼쳐지면서 새로운 아이디어가 떠올랐습니다. 차를 멈춰 세운 멀리스는 흩어진 생각들을 모아 정리를 했습니다. 주변의 모든 사물이 사라진 공간, 그곳에서 전자들이 춤을 추고 무수한 DNA 가닥들이 서서히 모였다 흩어지기를 반복했지요. 그리고 무한대로 증폭하기 시작했습니다.

멀리스가 생각해 낸 아이디어는 간단히 말해 DNA를 담은 시험관의 온도를 높였다가 다시 내리는 것을 반복하는 것에 불과합니다. 그런데 이렇게 온도를 올렸다 내리는 사이 DNA의 양은 두 배로 뻥튀기가 되지요. 이 과정을 두 번 반복하면 DNA가 네 배로, 세 번 반복하면 여덟 배로, 네 번 반복하면 열여섯 배로 불어나지요. 온도를 올렸다 내리기만 하면 DNA가 기하급수적으로 늘어나니 도깨비 방망이가 따로 없는 셈이지요. 진화가 아름다운 이유는 단순한 원리가 이토록 놀라운 생명의 세계를 창조해 냈기 때문이라고 하는데 PCR의 원리 또한 여기에 뒤지지 않을 정도로 예술적 단순함을 갖고 있습니다.

여기에는 새로운 DNA의 부품에 해당하는 재료와 DNA 중합 효소 그리고 프라이머가 필요합니다. 이때 DNA 부품이란 아데닌, 티민, 사이토신, 구아닌의 네 가지 염기를 가리키고 DNA 중합 효소는 DNA를 합성하는 효소를 의미하지요. 프라이머Primer는 복제를 원하는 DNA의 시작 지점에 결합하는 짧은 단일 가닥의 DNA입니다. 이제 모든 준비가 끝났다면 샘플 DNA를 넣은 시험관의 온도를 높였다가 내려 주는 동작을 반복하는 일만 남게 되지요.

이 동작을 순서대로 정리하면 다음과 같습니다. 우선 복제하려는 DNA와 DNA 부품이 든 시험관을 온도가 94도 정도인 수조에 담가 줍니다. 그러면 DNA의 수소 결합이 깨지면서 DNA가 두 가닥으로

스르륵 풀리죠. 이제 시험관을 55도 부근에 맞춘 수조로 옮기고 프라이머를 첨가하면 각각의 가닥으로 풀린 DNA에 프라이머가 결합하지요. 마지막으로 시험관을 37도로 맞춘 수조에 담고 대장균에서 추출한 DNA 중합 효소를 넣어 주면 프라이머가 결합된 지점부터 새로운 DNA 가닥이 합성되기 시작해 DNA 이중나선이 만들어집니다. 이것이 DNA를 합성하는 한 사이클에 해당합니다. 어때요, 너무 깔끔하지 않나요?

그런데 이 실험은 겉으론 완벽해 보여도 커다란 문제를 하나 안고 있습니다. 바로 중합 효소인데요. 사람의 체온인 37도 부근에서 가장 좋은 활력을 보여 주는 대장균의 DNA 중합 효소가 고온에서 맥을 추지 못하는 것입니다. DNA의 수소 결합을 깨기 위해 94도로 온도를 올리면 중합 효소가 그만 불활성화되어 버리는 거죠. 이 말은 한 사이클을 돌릴 때마다 중합 효소를 새로 넣어 줘야 하는 것을 의미하는데요. 문제는 PCR을 한 번 가동시키면 보통 서른 번 정도 사이클을 돌리는데 그동안 누군가는 중합 효소를 준비한 채 PCR 옆자리를 지켜야 한다는 것이죠.

멀리스의 아이디어는 훌륭했으나 그의 기술력은 여기에 미치지 못했습니다. 그는 PCR을 이용해 헤모글로빈 유전자의 돌연변이를 검출하는 실험을 1년 넘게 시도했지만 결국 성공시키지 못했지요. 같은 연구소에 근무하던 랜디 사이키가 새로운 책임자로 지명되었는데요. 사이키는 이 문제를 기술적으로 파악했지요. 그는 높은 온도에서도 활성을 잃지 않는 중합 효소가 절대적으로 필요하다는 사실을 바로 알아챘습니다. 그리고 호열성균이 답을 줄 것이라고 확실하게 믿었습니다.

멸종 동물 복원과 고고학

열을 좋아하는 세균이라는 뜻을 가진 호열성균은 극한 미생물의 한 종류인데요. 사이키가 호열성균에서 찾아낸 DNA 중합 효소는 90도 이상에서도 활성을 잃지 않았고 72도에서 가장 높은 성능을 보여주었습니다. 이제 수십 번씩 시험관 뚜껑을 열어 대장균 효소를 추가해 주는 수고로움을 한 방에 해결하게 된 것이죠. 여기에 시터스사는 수조의 온도를 자동으로 조절하는 장치를 추가함으로써 DNA 조각을 넣은 시험관을 들고 온도가 다른 수조 사이를 첨벙첨벙 옮겨 다녀야 하는 불편함도 없앴습니다.

시터스사의 PCR이 널리 보급된 이후에도 연구 현장의 요구에 따라 PCR은 개량에 개량을 거듭했는데요. 온도를 올렸다 내린다는 멀리스의 아이디어에서 벗어나지 않았지만 실시간으로 DNA의 증가를 관찰할 수 있는 리얼타임 PCR과 한꺼번에 두 가지 이상의 DNA를 증폭하는 멀티플렉스 PCR 등이 개발되었지요. 효소 성능 또한 많이 개선되었는데요. 사실 사이키가 찾아낸 DNA 중합 효소는 고온에서 확실히 작동하지만 단점도 있다고 합니다. 즉 72도에서 10초 동안 1000여 개의 염기쌍을 복제할 수 있지만 아쉽게도 자체 DNA 교정 능력을 갖추지 못한 거죠. 그래서 대략 9000여 개의 염기쌍을 복제할 때마다 한 개의 돌연변이가 발생한다고 합니다. 정밀한 연구가 필요한 현장에서는 고성능의 PCR이 있어야 하는데요. 결국 이러한 현장의 요구를 수용한 연구진은 새로운 DNA 중합 효소를 탐색했고 마침내 한 고세균에서 교정 능력을 갖추면서도 고온에서 활성을 유지하는 DNA 중합 효소를 찾아냈습니다.

PCR은 현대 생물학과 고고학 그리고 범죄 수사 등에서 빠질 수 없는 도구가 되었지요. 요리에서 소금이 빠질 수 없는 것과 마찬가지로 생물학 관련 분야에서 PCR은 절대적으로 필요한 품목이랍니다. 〈쥬라기 공원〉처럼 특히 멸종한 동물을 복원할 때 제일 먼저 챙겨가야 할 장비 중 하나이기도 하죠.

현재 멸종된 동물을 복원하려는 프로젝트가 몇몇 연구팀에서 진행되고 있는데요. 특히 조지 처치가 이끄는 연구팀은 매머드와 코끼리의 유전자가 섞인 매머펀트^{매머드+앨리펀트; mammophant}라는 잡종 코끼리를 만들기 위해 2014년부터 실험을 진행하고 있지요. 연구팀은 매머드의 털과 피부, 상아 등 특징적인 부분만 골라 코끼리 유전자에 집어넣은 후 잡종 배아 세포를 만들고 인공 자궁에서 배양할 계획이라고 밝혔습니다.

멸종된 동물을 복원하는 것에 의미가 아주 없지는 않겠죠. 하지만 이들의 공통 관심사는 오로지 멸종된 동물을 복원하는 것에 있을 뿐 복원된 매머펀트를 어떻게 키우고 자연에 돌려보낼지에 대해서는 관심이 없답니다. 자신의 서식지가 사라진 매머드가 갈 곳은 동물원이나 서커스장밖에 없지 않을까요? 멸종된 생물을 애써 복원하는 것보다 멸종 위기에 몰린 생명체를 구하는 것에 관심을 돌려야 할 때라고 봅니다.

PCR의 힘은 멸종된 동물 복원뿐만 아니라 고고학에도 미치고 있는데요. 인류 조상을 연구하는 고고학자들은 유골에 남은 DNA를 분석하기 위해 PCR을 이용합니다. 현생 인류가 순수 혈통이 아니며 네안데르탈인의 피가 일부 섞였다는 사실을 알아낸 것은 얼마 안 되는 DNA 조각을 PCR로 증폭시킬 수 있었기 때문인데요. 연구 결과 네안데르탈인은 수십만 년 전에 현생 인류와의 공동 조상으로부터 갈라져 나왔으며 이후 독자적인 종으로 살다가 수 만 년 전 현생 인류와 성관계를 통해 사하라 사막 아래쪽의 아프리카를 제외한 모든 지역에 자신의 유전자를 조금씩 남겼다는 사실이 밝혀졌습니다.

분자 생물학계의 야생마와 PCR

PCR은 과학 수사에도 응용되어 진범을 가려내는 DNA 지문 분석에도 쓰입니다. DNA는 아미노산을 합성하는 서열을 가진 영역과 아미노산에 대한 정보가 없는 영역으로 나누어집니다. 아미노산에 대한 암호를 가진 유전자 부위는 사람의 경우 전체 DNA의 2퍼센트에 불과하지요. 나머지 98퍼센트는 비암호화된 부분으로 대부분 의미 없는 서열이 반복되고 있습니다.

특히 DNA의 암호화되지 않은 부분 중 짧은 염기 서열이 반복되는 부분을 짧은 연속 반복Short Tandem Repeat; STR이라고 하는데요. STR은 사람마다 다르기 때문에 지문처럼 사용될 수 있답니다. 예컨대 범죄 현장의 DNA가 GATA라는 짧은 염기 서열 단편이 8번 반복한다면 범인의 DNA도 같은 패턴을 보여야 하는 식이죠. 현대 과학 수사에서 이것은 증거 능력을 갖는 것으로 인정하고 있습니다.

PCR은 이밖에도 HIV인간 면역결핍 바이러스 등 바이러스성 질병과 혈우병, 낭포성 섬유증, 헌팅턴병 등 희귀 질환의 진단과 치료, 예방 등 현대 생물학 분야에서 전방위적으로 쓰이고 있습니다.

PCR의 가치를 높게 평가하는 사람은 DNA를 증폭해 내는 이 도구를 중세 시대 마법사의 연금술에 비유하기도 하지요. 그러나 PCR를 만든 장본인 멀리스에 대한 평가는 그에 못 미치는 것 같습니다.

'분자 생물학계의 야생마'라는 그의 별명이 말해 주듯이 멀리스는 돌출 행동으로 유명한데요. 어린 시절 그는 실험을 하다 집의 전기를 나가게 하고 개구리를 실은 로켓을 쏘아 올려 터뜨리는 등 별의별 말썽을 다 부렸다고 합니다. 대학원 시절에는 천문학에 심취해 '시간 역전의 우주학적 중요성'이라는 논문이 세계적인 과학 학술지 〈네이처〉에 실리기도 했지요. 천문학은 멀리스의 전공 분야가 아닌데 말입니다. PCR을 발명한 계기도 원래 자신의 연구도 아닌 옆 실험실에서 진행 중인 프로젝트를 혼자서 고민하다 생각해 낸 것이라고 하지요. 말년에는 공공연히 외계인을 만났다고 주장을 하고 에이즈가 HIV에 의해 발병한다는 증거가 있냐고 공개적으로 질문합니다.

자신의 주장이 먹히지 않을 경우 노벨상을 들먹이는 엉뚱한 버릇도 생겼다고 해요.

어떤 사람은 멀리스의 PCR 발명이 그의 자유분방한 어린 시절과 관련이 있다고 이야기합니다. 부모의 허용적 태도가 멀리스의 혁신적인 사고를 가능하게 했다는 것이죠. 시터스사의 톰 화이트 부사장의 포용력도 이런 맥락에서 인정을 받았는데요. 멀리스와 친구 사이였던 화이트가 그에게 자기 업무만 강요했더라면 멀리스가 딴짓을 하지 못했을 것이고 PCR 발명이라는 위대한 업적은 없었을 것이라는 말입니다.

자신이 좋아하는 일을 할 때는 그게 무엇이든 무서운 집중력을 발휘했던 멀리스가 PCR의 아이디어를 떠올린 것은 결코 우연이 아닐 수 있지요. 천재는 99퍼센트의 노력과 1퍼센트의 영감의 결과라고 말했던 에디슨의 이야기는 멀리스에게 와서 이렇게 바뀔지 모릅니다. '99퍼센트의 딴짓과 1퍼센트의 집중력'으로.

NGS
-생명의 언어를 읽어 내는 암호 해독기

누가 진짜 루이 17세인가?

"빵이 없으면 케이크를 먹게 하세요."

우리 식대로 하면 "밥이 없으면 떡을 먹으면 되지." 정도가 될 이 말은 프랑스 왕비 마리 앙투아네트가 했다고 합니다. 앙투아네트의 망발에 케이크는커녕 빵 한 조각 못 먹어 굶주림에 허덕이고 있던 프랑스 민중들은 분노를 참지 못하고 마침내 혁명의 불을 당기죠.

그러나 이 말은 현대 역사가들에 의해 사실이 아닌 것으로 밝혀졌는데요. 앙투아네트의 망언은 철학자 장 자크 루소의 고백록에 기록되어 있었는데 발언을 언제 했는지 앞뒤를 따져 보면 앙투아네트와 아무런 연관이 없다는 것을 금방 알 수 있습니다. 루소가 이야기한 시점은 앙투아네트가 프랑스 왕비에 오르기 전 그러니까 오스트리아 공주 시절이거든요. 결국 우리가 알고 있던 앙투아네트의 망발은 프랑스 혁명의 정당성을 확보하기 위해 당시 혁명가들이 만든 작품이었던 것이죠.

　마리 앙투아네트와 관련한 또 다른 헛소문은 그의 여덟 살짜리 아들 루이 17세에 관한 것인데요. 프랑스 혁명의 도가니 속에서 루이 16세와 앙투아네트가 단두대의 이슬로 사라진 후 여덟 살짜리 황태자의 행방은 묘연했고 근거 없는 소문만 무성했지요. 어찌된 일인지 루이 17세의 죽음에 관한 공식 문서는 없는 상태였습니다. 감옥에서 죽었다는 이야기가 들리기도 했고 왕당파들이 구출해 멀리 도피했으며 감옥에 있는 남자아이는 가짜라는 온갖 소문들이 돌고 있었지요. 확인 불가능한 이야기가 도시 전설처럼 계속 들려오고 잠시 왕정이 복구된 틈을 타 자신이 루이 17세라고 자처하는 자들이 도처에 나타났는데 무려 서른 명이 넘었답니다. 심지어 어떤 이는 자신의 묘비명에 "프랑스 왕 루이 17세 여기 잠들다"라고 적기도 했어요. 바로 나운도르프였지요. 말을 잘하고 사교성이 뛰어난 나운도르프는 루이 17세를 돌보았던 보모가 황태자로 인정해 줄 정도로 신임을 얻었다고 합니다. 하지만 그가 살아 있을 때 루이 17세로 인정받지는 못하지요. 그가 죽은 뒤에 그의 가족들은 프랑스 국가를 상대로 소송을 벌이다 패소하기도 했답니다.

혁명이 끝난 뒤에도 루이 17세에 대한 갖가지 소문은 끊이지 않았지만 진위 여부는 현대에 와서야 가능해졌습니다. DNA를 증폭하는 기술은 1980년대 이후 대중화되었고 염기 서열을 결정하는 방법은 그 이전에 확립되었는데요. 세포 조각 안에서 DNA만 순수하게 정제하는 기술 또한 상당한 수준에 도달해 있었죠. 이제 DNA 샘플만 구하면 됩니다. 그러나 문제는 황태자가 어디 묻혔는지 아는 사람은 아무도 없다는 것입니다.

이때 어린 황태자의 심장이 우연히 나타났습니다. 루이 17세의 몸은 부검 후 공동묘지 어딘가에 매장되어 찾을 수 없었지만 심장은 성 드니 성당의 왕족 무덤에 안치되어 있던 것입니다. 사연인즉 마리 앙투아네트가 죽고 두 해가 지나 루이 17세도 감옥에서 결핵으로 죽었는데 그를 부검한 의사 중 한 명이 심장을 훔쳐 낸 뒤 보관하고 있던 것이라고 합니다. 심장은 와인 알코올에 담겨졌다 알코올이 증발하면서 돌처럼 딱딱하게 굳어진 상태로 파리의 대주교 등 여러 사람의 손을 거쳐 오늘날의 묘소로 안장되어 있습니다.

황태자의 심장 근육 세포에서 얻은 DNA와 마리 앙투아네트의 어린 시절 머리카락을 비교 분석한 결과 혈연관계에 있는 것이 확인되었습니다. 나운도르프의 유골에서도 역시 샘플을 얻었는데 그의 뼛조각에서 나온 DNA는 루이 17세나 마리 앙투아네트의 DNA과 일치하지 않았지요. 죽어서까지 루이 17세 행세를 하며 사람들을 속이려 했던 나운도르프였지만 DNA까지 속이지는 못한 셈입니다.

〈바스티유 감옥 습격〉 장 피에르 루이 로랑 위엘, 1789년.
프랑스 혁명의 도가니 속에서 루이 16세와 앙투아네트가 단두대의 이슬로 사라진 후 여덟 살짜리 황태자의 행방은 묘연했고 근거 없는 소문만 무성했지요. 나중에 황태자의 심장 근육 세포에서 얻은 DNA와 마리 앙투아네트의 어린 시절 머리카락을 비교 분석한 결과 혈연관계에 있는 것이 확인되었습니다.

모계 유전의 비밀

　친자 확인 등 혈연관계를 증명할 때 사용하는 분석법은 DNA 지문 분석과는 좀 다른데요. DNA 지문 분석은 중합효소 연쇄반응[PCR]으로 특정 DNA 조각을 증폭한 뒤 짧은 염기 서열이 몇 번 반복하는가를 확인하는 것이죠. 반면에 혈연관계는 미토콘드리아의 염기 서열을 비교하죠. 미토콘드리아는 에너지를 생산하는 세포내 소기관인데

이 미토콘드리아가 엄마 쪽으로 유전하는 특징을 이용한 것이지요. 즉 난자와 정자가 수정할 때 아빠 쪽 미토콘드리아 유전자는 사라지고 엄마 쪽 미토콘드리아 유전자만 남아 다음 세포에 전해지는 미토콘드리아의 모계 유전 특징을 통해 혈연관계를 파악할 수 있답니다.

모계 유전의 비밀은 정자의 미토콘드리아가 난자 안에서 자신을 스스로 파괴하기 때문이라고 하는데요. 정자의 미토콘드리아는 머리와 꼬리 중간 부분에 위치하는데 수정할 때 함께 들어오죠. 그러나 막상 난자 안에 들어온 정자의 미토콘드리아는 자살하듯 스스로를 파괴하고 맙니다. 정자의 미토콘드리아 표면에 있는 특정 단백질이 미토콘드리아 내부로 들어가 DNA를 잘라 내고 미토콘드리아의 분해를 촉진하는 거지요. 결국 수정란 안에서 정자의 미토콘드리아는 사라지고 맙니다. 이후 난자의 미토콘드리아만 간직한 수정란은 분열을 거듭해 60조 개에 달하는 우리 몸의 세포로 나누어지는 과정을 거치게 되지요.

다시 말해 우리 몸을 이루는 60조 개의 세포 안에 들어 있는 미토콘드리아는 엄마의 미토콘드리아를 그대로 받아 온 것인데요. 물론 엄마는 외할머니로부터, 외할머니는 외증조할머니로부터 받아온 것이죠. 이렇게 개념적으로 외가 쪽을 따라 쭉 올라가면 맨 처음 미토콘드리아를 나눠 준 조상을 만나게 됩니다. 세계 각지의 미토콘드리아 DNA를 분석한 결과 오늘날의 모든 인류는 약 20만 년 전 아프리카에 살던 한 여인의 미토콘드리아를 물려받은 것으로 밝혀졌다고 합니다. 현생 인류의 조상이 되는 이 여인은 '미토콘드리아 이브'라고 불리며 아프리카 단일 기원설을 지지하는 강력한 증거이기도 합니다. 물론 미토콘드리아 이브는 상징적 인물로 같은 유전자를 공유했던 선조 인류 개체군을 의미합니다. 그러나 우리 모두가 공동의 조상을 두고 있다는 사실에는 변함이 없습니다.

미토콘드리아의 DNA 중에서 부모-자식 관계를 확인시켜 주는 부분은 D-루프라는 곳인데요. 이 영역의 DNA는 아무런 기능을 하지 않는 것으로 알려져 있습니다. 즉 특별한 정보를 갖지 않는 D-루프 영역에 돌연변이가 발생한다 해도 미토콘드리아의 기능에 아무런 문제를 일으키지 않기 때문에 살아가는 데에 별다른 지장이 없다는 뜻입니다. 다시 말해 D-루프 영역의 돌연변이는 생명에 지장을 주지 않기 때문에 여기에 발생하는 모든 돌연변이는 그대로 자손을 통해 전해질 수 있습니다. 나무가 나이테를 남기는 것처럼 미토콘드리아는 돌연변이를 남기는 것이지요.

다시 나운도르프 이야기로 돌아가면, 자신이야말로 루이 17세라고 주장했던 나운도르프의 D-루프에서는 마리 앙투아네트와 루이 17세가 갖고 있는 돌연변이 흔적이 보이지 않았습니다. 이것이 나운도르프가 사기꾼에 불과하며 루이17세가 될 수 없는 결정적인 이유입니다.

생어, DNA 염기서열을 분석하다

DNA의 염기 서열을 분석하는 방법은 생화학자 프레데릭 생어가 처음 만들었습니다. 생어는 최초로 단백질의 구조를 알아낸 과학자이기도 한데요. 그는 소의 인슐린 단백질을 구성하는 51개 아미노산의 서열을 밝혀낸 공로로 1958년 노벨 화학상을 받았지요. 생어의 연구는 인간 인슐린을 대량 생산할 수 있는 기반을 마련했으며 단백체학이라는 새로운 학문 분야를 개척하기도 했는데요. 그는 여기서 멈추지 않고 DNA 염기 서열 해석에 도전하여 '생어법'이라고 알려진 획기적인 분석법을 개발해 1980년 두 번째 노벨 화학상을 거머쥡니다.

생어는 인슐린 연구를 통해 단백질은 스무 종류의 아미노산이 배열된 구조라는 것을 알아냈습니다. 단백질이 아미노산의 서열에 의해 결정된다는 사실을 깨달은 그는 자연스럽게 DNA와 RNA 즉 핵산의 염기 서열 분석으로 연구 주제를 옮겼는데요. 우선 수천 개의 염기로 구성된 DNA보다 분자량이 작은 RNA를 분석했지요. 그는 인슐린의 아미노산 서열을 알아낸 것과 비슷한 방식으로 120개의 염기로 구성된 5S 리보솜 RNA의 염기 서열을 찾아냈습니다.

이제 생어는 RNA의 염기 서열을 해석하는 동안 생각해 낸 방법으로 DNA 분석을 시도하는데요. 그가 개발한 방법은 분석하려는 DNA 부위의 염기를 하나만 가진 것부터 전부 다 가진 것까지 다양한 길이의 DNA로 합성시킨 후 사슬의 마지막에 붙은 염기만 읽는 것입니다.

이 방식의 특징은 합성되는 DNA의 마지막에 붙는 염기는 다음 염기가 붙을 결합 부위가 없기 때문에 DNA 합성을 종결시키는 것인데요. 이 마지막 염기를 사슬 종결자라고 부르고 이것을 하나씩 읽어 전체 서열을 알아내는 방식을 생어법이라고 합니다.

생어의 염기 서열 분석법은 DNA의 염기 서열을 분석하는 강력한 도구이며 유전체학이라는 새로운 학문을 열었습니다. 유전체는 한 개체가 보유한 유전자와 유전자가 아닌 부분까지를 모두 포함한 전체 염기 서열을 말합니다. 즉 한 생물종이 보유한 유전 정보의 총합인 셈이죠.

생어법은 30억 개의 염기로 이루어진 인간 유전체를 완전히 해독하는 '인간 게놈 프로젝트Human Genome Project, HGP'를 성공적으로 이끌었는데요. 인간 게놈 프로젝트는 1990년부터 2003년까지 세계 6개국이 참여해 30억 달러가 넘는 연구비를 투입해 인간이 지닌 모든 유전체의 염기 서열을 99.99퍼센트의 정확도로 분석한 생물학 사상 최대의 국제 협력 사업이었답니다.

인간 게놈 프로젝트의 경험을 통해 더욱 향상된 염기 서열 분석법은 눈부신 발전을 거듭했고 몇 년 지나지 않아 100만 달러 이하의 비용으로 13주 안에 분석을 완료할 수 있는 기술이 개발되었습니다. 원리는 인간 유전체를 수백여 개의 염기를 가진 DNA 조각들로 나누고 각 조각의 염기 서열을 동시에 읽어 낸 후 컴퓨터를 이용해 유전체를 재구성하는 건데요. 생어법이 순차적으로 염기 서열을 읽어 내는 것과 달리 이 방법은 병렬식으로 읽어 내며 따라서 대량의 염기 해석이

가능하죠. 이러한 방식을 차세대 염기 서열 분석 Next Generation Sequencer, 이하 NGS이라고 한답니다.

NGS는 분석하는 방식에 따라 조금씩 차이가 있지만 확인이 가능할 만큼 충분히 DNA를 증폭하고 형광 물질을 입힌 뒤 카메라로 찍은 이미지를 컴퓨터로 분석해 염기 서열을 결정한다는 기본 원리는 서로 비슷합니다. 다만 이 과정에서 DNA를 증폭하는 방법과 DNA가 합성되는 과정을 신호로 만들어 내보내는 방법, 신호를 포착하여 확인하는 방법 등의 기술적 차이가 존재하지요.

'맞춤 의료'의 미래

NGS는 첫 출현 이후 비약적인 발전을 거듭해 왔는데요. 최근에는 1000달러의 비용으로 몇 시간 만에 인간 유전체를 분석하는 NGS도 개발되었고 15분 만에 분석을 완료하는 방식도 개발되고 있다고 합니다. 옥스퍼드 나노포어라고 하는 기업이 개발 중인 NGS는 세포의 막단백질 구멍에 DNA를 통과시키고 이때 변화되는 전기적 신호를 포착해 염기 서열을 해석합니다. 기존의 방식이 DNA를 증폭하고 형광 물질을 입힌 뒤 컴퓨터로 읽어야 하는 복잡한 과정을 거쳤다면 이 방식은 DNA 가닥을 그대로 막단백질에 있는 나노미터 크기의 구멍으로 흘려 보내는 단순한 방식이라 매우 효율적이지요. 다른 제품에 비해 정확도가 많이 떨어지는 단점을 갖고 있지만 점차 나아지고 있으며 스마트폰보다 작기 때문에 휴대용으로 적당하고 신속한 분석이 가능하다는 점에서 기대가 된다고 합니다.

NGS의 등장으로 생물학은 커다란 변화를 맞이했는데요. 효모와 예쁜꼬마선충을 시작으로 수많은 생물 유전체가 밝혀지고 방대한 DNA의 데이터가 생산되면서 생물 정보학이라는 새로운 학문도 만들어졌습니다. 즉 NGS의 발달과 보급으로 양산된 대량의 유전체 데이터를 효율적으로 분석하고 해석할 필요가 생긴 것이죠.

이러한 변화는 맞춤 의료라는 또 다른 분야의 탄생을 예고하고 있는데요. 맞춤 의료는 쉽게 말해 같은 질병이라도 사람마다 다르게 처방한다는 뜻입니다. 유방암을 우려해 유방 절제 수술을 받은 영화배우 안젤리나 졸리의 경우는 맞춤 의료의 한 예라고 볼 수 있지요. 졸리는 혈액 검사를 통해 BRCA 유전자에 돌연변이가 발견되었으며 유방암에 걸릴 확률이 87퍼센트가 된다는 사실을 알게 되었는데요. BRCA 유전자는 망가진 DNA를 복구해 암 발생을 억제하는 유전자입니다. 졸리가 유전체 검사를 받기로 마음먹은 것은 할머니와 어머니, 이모들이 모두 유방암으로 세상을 떠난 집안 내력 때문이라고 합니다. 그는 아직 생기지도 않은 유방암을 막기 위해 유방 절제라는 극단적인 결정을 내린 것이죠.

맞춤 의료는 신장 질환이 있는 사람에게 아스피린을 안 쓰고 간 질환이 있는 사람에게 타이레놀 처방을 안 하듯이 개인차를 반영하는 것인데요. 맞춤 의료는 여기서 한 걸음 더 나아가 환자의 유전적 특성과 환경적 영향을 모두 고려해 치료하는 것을 의미하죠. 특히 개인의 유전체를 분석해 약물을 어떻게 처방할 것인지 판단하며 치료 효과를 높이고 부작용을 줄이며 아직 발현되지 않은 질병을 파악해 내는 것은 맞춤 의료의 목표 중 하나랍니다.

맞춤 의료는 인간 유전체를 모은 빅 데이터에 바탕을 두기 때문에 대규모 임상 실험을 통한 유전체 수집이 요구되는데요. 이와 관련한 문제 중 하나는 천문학적 비용이죠. 빅 데이터 구축은 개별 기업이 독자적으로 추진할 수 있는 사업 규모가 아닙니다. 이에 우리나라 정부는 2014년부터 8년간 약 5800억 원에 달하는 예산을 투입해 '포스트게놈 다부처 유전체사업'을 시작했지요. 또 다른 문제는 유전자 정보의 법적 보호입니다. 유전자 관련 기업들은 기술력 확보와 산업 육성을 이유로 규제 완화를 주장하지만 아직 사회적 합의가 이루어지지 않은 상태지요. 기업이 개인의 유전자 정보를 제한 없이 사용할 수 있도록 규제를 푸는 것보다 유전체 정보를 어떤 식으로 보호할 것인지 그 방안을 먼저 마련해야 하는 것이 우선이죠.

그러나 가장 큰 문제는 차별적 혜택입니다. 맞춤 의료의 진짜 혜택은 진단에 있는 것이 아니라 치료에 있는 것인데요. 개인의 세포나 유전자를 이용해 만든 약물이나 항암제의 경우 가격이 수억 원에 달하는 경우도 있어 치료비를 지불할 수 있는 계층과 그렇지 못한 계층이 생기고 이 때문에 사회적 갈등이 일어날 수 있지요. 유전체 정보는 모든 계층으로부터 광범위하게 모으는데 그 혜택은 일부 계층에게만 돌아가는 기현상이 벌어질 수 있는 것이죠. 수많은 개인의 유전체 정보를 기반으로 구축된 맞춤 의료는 마땅히 그 정보 제공자와 대다수 국민들에게 혜택이 돌아가야 하지 않을까요? 특히 정부의 지원으로 구축되는 맞춤 의료의 경우 계층을 가리지 않고 모든 국민에게 골고루 혜택이 돌아가도록 해야 한다고 봅니다.

빵이 없으면 케이크를 먹으라는 말은 사실이 아니었지만 마리 앙투아네트를 비롯한 프랑스 왕족과 귀족들의 사치가 나라를 휘청거리게 하고 민중의 삶을 파탄 나게 한 것은 사실이었죠. 앙투아네트가 했다는 원래의 발언은 케이크가 아니라 브리오슈였다고 하는데요. 적당히 번역할 우리말이 없어서 그냥 '케이크'로 번역된 '브리오슈Brioche'는 당시 부유 계층이 즐기던 고급 빵이라고 합니다. 먹을 것이 없어 아이를 굶기고 있는 사람들에게 브리오슈는 그야말로 "그림의 떡"이었겠죠.

기초적인 의료 혜택이 절실한 사람들에게 맞춤 의료 또한 "그림의 떡"일 수 있다고 봅니다. 맞춤 의료를 미래 산업으로 단정 짓고 무작정 '묻지 마' 지원을 할 것이 아니라 맞춤 의료가 정의롭게 실현될 수 있는 방안을 우선적으로 고민해야 하지 않을까요? 막대한 재정적, 행정적 지원을 통해 구축되는 맞춤 의료 사업이 마리 앙투아네트의 브리오슈처럼 계층을 나누는 수단이 되어서는 안 되기 때문입니다.

5

유전자 가위
-강력한 유전자 편집 도구

DNA가 유전 물질임을 밝힌 에이버리의 실험

박테리아가 DNA를 사냥하는 동영상이 세계적인 과학 학술지 〈네이처〉에 실린 적이 있습니다. 이 동영상에서 콜레라균은 기다란 혀뭉치를 던져 벌레를 잡아채는 카멜레온처럼, 선모를 작살처럼 쭉 뻗어 DNA를 낚아챕니다. 선모는 박테리아의 표피에 있는 털 모양의 작은 기관인데 콜레라균의 선모는 그 끝이 DNA와 정확히 결합할뿐더러 길이도 자유롭게 늘어나고 줄어듭니다. 때문에 콜레라균은 물고기를 잡은 낚시꾼처럼 DNA를 잡아당길 수 있는데요. 이처럼 박테리아가 먹잇감도 아닌 DNA를 사냥하는 이유는 자신의 유전 형질을 바꾸기 위해서라고 합니다.

유전적 형질 전환은 1928년 프레더릭 그리피스의 폐렴균 실험으로 이미 관찰된 바 있습니다. 폐렴을 일으키는 폐렴균은 겉껍데기 즉 외피가 있으면 S형균이라고 부르고 외피가 없으면 R형균이라고 하는데요. 다당류로 이루어진 외피가 있는 S형균은 동물의 몸속에서 분해되지 않기 때문에 죽지 않고 살아서 폐렴을 일으키죠.

그리피스는 실험을 통해 살아 있는 R형균을 주사했을 때는 쥐가 폐렴에 걸리지 않지만 살아 있는 S형균을 주사하면 폐렴에 걸린다는 사실을 알아냈습니다. 또한 S형균을 열을 가해 죽인 후 쥐에게 주사하면 쥐가 폐렴에 걸리지 않지만 같은 식으로 열처리해 죽인 S형균을 살아 있는 R형균과 함께 주사하면 폐렴을 일으킨다는 사실도 발견했지요. 그리피스는 이런 사실들로부터 열처리해 죽인 S형균의 어떤 물질이 R형균의 유전 형질을 전환시켰으며 이 물질은 열처리해도 파괴되지 않는다는 사실도 알아냈습니다. 하지만 그 물질이 무엇인지 그리피스는 전혀 몰랐습니다.

그리피스의 연구는 다른 과학자들에게 형질 전환을 일으키는 물질의 정체를 밝힐 수 있는 실마리를 제공했습니다. 1944년 오즈월드 에이버리는 그리피스의 실험을 좀 더 정교하게 다듬어 그 물질이 DNA라는 사실을 발견했는데요. 에이버리는 열처리로 죽은 S형균의 추출물 성분을 네 개의 시험관에 나누어 담은 뒤 각각을 단백질 분해 효소와 다당류 분해 효소, RNA 분해 효소, DNA 분해 효소의 네 가지

오즈월드 에이버리.
그리피스의 연구는 다른 과학자들에게 형질 전환을 일으키는 물질의 정체를 밝힐 수 있는 실마리
를 제공했습니다. 1944년 오즈월드 에이버리는 그리피스의 실험을 좀 더 정교하게 다듬어 그 물
질이 DNA라는 사실을 발견했습니다.

분해 효소로 처리했습니다. 이렇게 각각의 특정 물질이 제거된 추출
물을 살아 있는 R형균과 함께 쥐에게 주사하자 DNA 분해 효소로 처
리한 추출물의 경우에서만 쥐가 폐렴에 걸리지 않았습니다. 에이버
리는 DNA가 분해되어 녹으면 쥐가 폐렴에 걸리지 않는다는 사실을
통해 폐렴을 일으키는 물질이 DNA이며 동시에 R형균의 형질 전환
을 일으키는 물질이 S형균의 DNA임을 알아냈답니다.

제한효소, 생명공학을 일으키다

　박테리아에서 흔히 관찰되는 형질 전환은 외부 유전자의 흡수를 통해 이루어지죠. 그러나 박테리아가 아무 유전자나 받아들이는 것은 아닙니다. 특히 바이러스 유전자는 박테리아가 단연코 거부하고 싶은 유전자 중 하나죠. 박테리아는 자신이 원하지 않는 유전자가 들어오면 유전자를 분해하는 특별한 단백질을 만들어 냅니다.

　제한 효소라고 불리는 이 특별한 단백질은 박테리아 세포 안으로 침입한 바이러스의 DNA를 절단하는 역할을 하는데요. 제한 효소에서 '제한'의 의미는 외부에서 침입한 DNA가 확산되는 것을 막는 것 즉 바이러스 감염을 제한한다는 뜻입니다. 그러나 제한 효소는 바이러스의 DNA를 그냥 아무 데나 자르는 것이 아니고 특정 염기 서열을 인식해 그 부위의 DNA를 절단한답니다. 예컨대 EcoR1이라는 제한 효소는 박테리오파지의 DNA 중에서도 'GAATTC'라는 염기 서열만을 인식하기 때문에 박테리오파지의 DNA안에서 이것과 일치하는 염기 서열을 모두 찾아내 그 부위를 잘라 내지요. 박테리오파지는 박테리아를 파괴하는 바이러스인데요. DNA가 절단된 박테리오파지는 무력화되어 더 이상 증식할 수 없게 됩니다. 같은 염기 서열을 갖더라도 박테리아의 DNA는 제한 효소가 절단하지 못합니다. 그 이유는 메틸화 효소에 의해 박테리아의 DNA를 제한 효소가 인식하지 못하기 때문인데요. 메틸화는 DNA에 메틸기라고 하는 작은 분자가 붙는 것을 말하고 이것을 돕는 효소를 메틸화 효소라고 부르지요.

지금까지 알려진 제한 효소는 수백 종류가 넘는데 각기 다른 특정 염기 서열을 인식하며 거대한 DNA를 절단해 작은 분자로 만들어 버리죠. 미생물학자 베르너 아르버가 제한 효소를 발견한 것은 1962년이며 그는 제한 효소의 분리와 작용 원리를 밝힌 공로로 1978년 노벨 생리 의학상을 받았습니다.

제한 효소의 발견은 역설적으로 유전자 조작의 가능성을 열었지요. 1972년 폴 버그는 제한 효소와 연결 효소를 이용해 서로 다른 종류의 DNA를 이어 붙인 최초의 인공 재조합 유전자를 만들어 냈습니다. 연결 효소는 종이를 붙이는 딱풀처럼 DNA 양끝을 이어 붙이는 효소인데 1960년대에 발견되었지요. 재조합 유전자에 대한 선구적 연구를 인정받은 버그 역시 1980년에 노벨 화학상을 받았답니다.

한편에서는 제넨텍이라는 생명 공학 기업이 제한 효소로 유전자를 자르고 연결 효소로 이어 붙이는 유전자 재조합 기술을 이용해 인공 인슐린을 상업적으로 만들어 내기도 했는데요. 그 방법은 사람의 인슐린 유전자를 제한 효소로 잘라 내 대장균의 DNA에 삽입하고 연결 효소로 연결시킨 다음 대장균을 대량 증식하는 것이지요. 대장균 배양액을 분리 정제하면 그 안에서 다량의 인슐린을 얻을 수 있습니다. 한마디로 사람의 인슐린을 대장균이 대신 만들어 내는 생명 공학 기술이지요.

본격적인 생명 공학 시대의 시작을 알린 제한 효소는 그러나 인간 유전체에 사용할 수 없는 한계를 지녔답니다. 그것은 제한 효소가 인식할 수 있는 염기 서열이 4~6개로 너무 짧기 때문인데요. 인간의 유전체는 30억 개의 염기쌍을 갖기 때문에 특정한 염기 서열이 반복될 확률이 매우 크거든요. 특히 짧은 염기 서열일수록 자주 반복되어 나타나지요. 예컨대 EcoR1 제한 효소가 인식하는 GAATTC라는 염기 서열은 이론적으로 4×4×4×4×4×4 즉 4096개의 염기 서열마다 한 번씩 나올 수 있는데 30억 개의 염기쌍 중에서 GAATTC는 대략 70만 번 이상 나타날 수 있지요. 다시 말해 제한 효소 EcoR1로 인간 유전체를 조작하면서 동시에 생명 유지와 관련된 중요한 유전자는 절단하지 말라고 주문하는 것은 소금에 곰팡이를 피우는 것보다 더 어려운 일이랍니다. 이것은 불가능한 일이죠.

유전자 가위의 출현

이렇게 인식 부위가 짧은 제한 효소의 단점은 1세대 유전자 가위라 불리는 징크핑거 뉴클레이즈 Zinc Finger Nucleases, ZFNs가 등장하면서 어느 정도 해소되는데요. 징크핑거 뉴클레이즈는 염기를 보통 8~10개 정도씩 인식하기 때문에 제한 효소보다 훨씬 정확하지요. 염기 하나를 더 인식하면 정확도가 4배 올라가거든요. 징크핑거는 아프리카 발톱개구리에서 발견된 손가락 모양의 단백질인데 아연이 결합되어 있고 염기 서열을 인식하는 기능이 있는데요. 징크핑거 뉴클레이즈는 징크핑거 단백질에 DNA를 절단하는 Fok1이라는 제한 효소를 붙여 만든 복합체입니다. 이 유전자 가위는 현재 헌터 증후군과 혈우병, 알츠하이머 등 유전자 치료를 위한 임상 실험에 적용되고 있지요.

하지만 징크핑거 뉴클레이즈는 제한 효소보다 성능이 좋다고는 해도 설계가 어렵고 비용이 많이 들며 정확도가 여전히 떨어지는 단점이 있습니다. 2009년에 등장한 2세대 유전자 가위인 탈렌Transcriptor Activator-Like Effector Nucleases, TALENs은 이러한 단점들을 극복했지요. 탈렌은 탈렌을 구성하는 아미노산 하나가 절단하고자 하는 DNA의 염기 하나에 일대일 대응하는 성질을 가졌습니다. 즉 표적 DNA의 염기 서열이 바뀌면 여기에 맞춰 아미노산 서열만 변경해 주면 되기 때문에 설계와 제작이 더욱 간편해진 것이지요. 더욱이 탈렌은 12개까지 염기를 인식하기 때문에 이전보다 정확한 조작이 가능해졌지요. 탈렌 또한 현재 각종 유전자 치료에 응용되고 있답니다.

크리스퍼 유전자 가위의 탄생

징크핑거의 단점을 줄였지만 탈렌 역시 비용 면에서 자유롭지 못하지요. 탈렌에 뒤이어 나온 크리스퍼Clustered Regularly Interspaced Short Palindromic Repeats, CRISPRs 유전자 가위는 이런 우려를 덜어냈습니다. 3세대 유전자 가위로 알려져 있는 크리스퍼 유전자 가위는 2012년 제니퍼 다우드나 연구팀이 발명했는데요. 크리스퍼 유전자 가위는 GPS처럼 DNA상의 특정 염기 서열을 찾아내는 크리스퍼 RNA와 크리스퍼 RNA가 찾아낸 DNA를 잘라 내는 제한 효소인 카스9 단백질로 구성됩니다. EcoR1, Fok1 등 여러 제한 효소 중에서도 절단 능력이 특히 우수한 카스9 단백질을 주로 사용하기 때문에 언론에서 크리스퍼-카스9$^{CRISPR-CAS9}$으로 소개되기도 하죠.

크리스퍼 유전자 가위는 21개의 염기 서열을 인식하기 때문에 단순히 산술적으로 계산해 봐도 4조 개 이상의 염기 서열을 구별할 수 있습니다. 징크핑거와 탈렌에 비해 원하지 않는 부위를 잘라 낼 위험이 적어진 것이지요. 게다가 표적 DNA를 찾아내는 크리스퍼 RNA는 설계와 제작이 매우 간단하지요. 연구 목적의 크리스퍼 RNA는 비영리 단체인 애드진을 통해 구입할 경우 몇만 원이면 제작할 수 있습니다. 심지어 크리스퍼 유전자 가위를 제작할 수 있는 실험 키트가 인터넷에서 200만 원 정도의 가격에 판매되고 있을 정도이지요. 제작비가 수천 달러 이상되는 징크핑거나 상대적으로 저렴하다는 탈렌과 비교해 봐도 크리스퍼 유전자 가위는 누구나 쉽게 접근할 수 있는 실험 도구가 분명합니다.

원래 크리스퍼는 바이러스의 공격을 방어하는 박테리아의 면역 시스템으로 DNA상의 특정 염기 서열을 의미하는데요. 그러니까 박테리오 파지의 공격을 받은 박테리아가 박테리오 파지의 DNA를 잘라 낸 후 그 염기 서열의 일부를 자신의 유전자에 끼워 넣은 것이 크리스퍼입니다. 보안 시스템에 비유하면 범인의 몽타주를 갖고 있는 셈이지요.

크리스퍼 유전자 가위는 이름만 '가위'지 사실은 DNA 편집 도구입니다. 크리스퍼 유전자 가위가 유전자를 편집하는 과정을 축구 경기에 비유하면 전반전은 크리스퍼 유전자 가위가 DNA를 자르는 것이고 후반전은 세포가 자체적인 DNA 복구 시스템을 가동시켜 DNA를 다시 잇는 것으로 볼 수 있지요. 즉 유전자 가위로 DNA의 한 부위를 잘라 내면 세포는 이것을 '손상'으로 여기고 DNA 복구 시스템을 가동시켜 다시 붙여 놓게 되는데요. 특히 진핵 세포의 DNA 복구 과정에는 수십 종류가 넘는 효소가 관여하는데 이 과정에서 잘린 부위가 제거되기도 하고 새로운 DNA 조각이 삽입되기도 하면서 유전자가 편집되는 것이죠. 다시 말해 크리스퍼 유전자 가위와 세포의 협업이 결과적으로 유전자 편집 효과를 만들어 내는 셈입니다.

크리스퍼 유전자 가위는 이전에 등장한 가위들보다 훨씬 정교할 뿐만 아니라 제작도 쉬워 그 적용 범위를 한정하기 어려울 정도인데요. 특히 유전자 치료에 있어서 크리스퍼 유전자 가위는 그 대안으로 부각되고 있습니다. 예컨대 A^{아데닌}이 들어갈 자리에 T^{티민}이 잘못 들어가 생기는 겸상적혈구빈혈증은 대표적인 단일 염기 돌연변이 즉 점 돌연변이인데요. 이것은 단 하나의 염기가 바뀌어 일어나는 유전병이죠. 점 돌연변이가 일으키는 유전병은 그 종류가 꽤 많은데 크리스퍼 유전자 가위를 이용하면 상당한 효과를 볼 수 있다고 하지요. 최근에는 DNA 두 가닥을 자르지 않고 한 가닥만 잘라 내 염기 하나만 교체하는 유전자 편집 기술도 개발되었다고 합니다.

책임은 우리의 몫이다

크리스퍼 유전자 가위를 말하지 않고서는 생명 공학의 미래를 설명하기 힘들 정도가 되었지만 정작 우리가 크리스퍼에 대해 아는 것은 일부에 지나지 않지요. 바이러스의 공격을 받는 고세균과 박테리아라면 모두가 이 훌륭한 시스템을 장착할 것 같은데 실상은 그렇지 않다는 것도 그렇습니다. 이러한 시스템은 고세균의 90퍼센트와 박테리아의 30퍼센트만이 갖고 있다고 하지요. 심지어 크리스퍼 시스템이 작동하지 못하도록 억제하는 단백질을 갖는 박테리아도 있다고 하는데 왜 그런지 모른다고 합니다.

흥미로운 것은 크리스퍼 시스템에 대한 바이러스의 대응이지요. 많은 박테리오 파지들은 크리스퍼 시스템을 무력화시킬 수 있는 다양한 정보를 갖고 있다고 합니다. 박테리아가 방어벽을 높이 올릴수록 바이러스는 이것을 뛰어넘을 무기를 만들어 내는 거지요. 바이러스에서 박테리아로 넘어갔던 공격권이 다시 바이러스 쪽으로 이동하는 것이죠. 자연이 만들어 낸 이 시소 게임은 진화가 역동적인 메커니즘이라는 사실을 증명하지만 우리가 아는 것은 단지 크리스퍼 시스템을 이용하면 유전자 가위를 만들 수 있다는 사실뿐입니다.

우리는 이제 막 알게 된 얄팍한 지식 위에 크리스퍼 유전자 가위 시스템을 구축했습니다. 사용법도 대강만 알고 있죠. 사용 설명서에 깨알같이 적혀 있을 수많은 오작동과 그에 따른 부작용은 미처 읽어 보지도 못한 상황입니다.

다른 유전자 가위에 비해 정교한 가위질이 가능하다지만 크리스퍼 유전자 가위 또한 엉뚱한 부위를 절단하는 예기치 않은 오류 즉 '표적 이탈 효과'를 일으킬 수 있는데요. 이것은 때로는 치명적인 사고로 이어질 수 있기 때문에 오랜 임상 시험을 통해 안전성을 확인하는 것이 중요하지요. 유전자 치료는 약물 치료와 달리 DNA에 영구 손상을 일으킬 수 있기 때문에 그 사용에 있어서 더욱 신중할 수밖에 없습니다.

여기에 DNA를 절단하는 제한 효소인 카스9 단백질을 사람 세포가 거부해 면역 반응을 일으킨다는 학계의 보고도 발표된 적이 있는데요. 이때문에 연구자들은 사람의 피부나 대장 속에 공생하는 박테리아가 갖고 있는 카스9 단백질 등 면역 반응을 일으키지 않을 제한 효소를 찾고 있지만 문제가 완전히 해결된 상황은 아니라고 합니다.

이런 여러 문제점을 안고 있음에도 불구하고 크리스퍼 유전자 가위가 인류의 미래를 변화시킬 도구라는 사실에는 변함이 없습니다. 유전자 가위는 과거 우리의 선조로부터 받아 온 유전자를 편집해 미래를 조작할 수 있기 때문입니다. 생식 세포나 배아 세포 단계에서 유전자를 편집하면 맞춤 아기를 탄생시킬 수 있습니다. 지금도 유전자 가위를 이용하면 유전병과 관련된 유전자를 교체하고 질병에 강한 유전자를 주입한 유전자 편집 아기를 만들 수 있습니다. 이와 마찬가지로 매력적인 신체 조건과 명석한 두뇌를 갖는 슈퍼 베이비 즉 맞춤 아기를 주문자의 요구에 맞춰 설계하는 것도 이론적으로 가능합니다. 사실상 이들 간의 기술적 차이는 전혀 없습니다. 다만 법과 윤리의 저항이 있을 뿐입니다.

맞춤 아기가 살아갈 세상은 맞춤 아기가 아닌 아이가 살아갈 세상이기도 하죠. 다듬어진 유전자를 갖고 태어난 맞춤 아기들의 미래에 맞춤 아기가 아닌 아이들을 위한 자리는 없을지 모릅니다. 아이의 행복을 바라는 부모의 작은 소망이 유전자 가위와 맞물려 우리 사회를 극단적으로 변화시킬 수 있습니다. 즉 유전자 가위는 DNA를 편집해 미래를 조작할 수 있는 강력한 도구입니다.

다시 말해 크리스퍼 유전자 가위는 RNA와 단백질로 이루어진 단순한 분자 기계가 아니라 우리들의 미래를 바꿔 놓을 수 있는 예언서 그러나 빈 예언서입니다. 아무것도 적혀 있지 않은 예언서에 무엇을 적을지는 이제부터 고민해야 합니다. 이것을 이용해 질병의 고통으로부터 인류를 구할 것인지 아니면 새로운 유전자 계급을 출현시켜 인류를 극심한 혼란 속에 빠뜨릴 것인지 어느 쪽을 택하든 그 책임은 순전히 우리 몫이 될 것입니다.

5장 생물학,

문어발이 되다

다윈 이전의 생물학자들은 숲과 들, 강과 바다를 누비며 동식물을 수집하였고 대부분 현미경 없이 자신의 눈에 의지하여 분류하는 등 이를테면 박물학자였는데요. 다윈 역시 박물학자 자격으로 비글호에 올랐고 남태평양 일대와 갈라파고스 군도를 조사하고 돌아온 뒤 진화론을 발표하였지요. 다윈의 진화론은 당시 유럽인의 세계관과 종교관을 뒤흔들었고 박물학 수준에 머물던 생물학이 과학으로 나아가는 데 크게 기여했습니다.

다윈의 진화론 위에서 체계를 갖춘 분류학과 고생물학, 생태학, 유전학 등 전통적인 생물학은 앞 장에서 이야기한 생물학 도구에 힘입어 본격적인 학문으로 발돋움할 수 있게 되었는데요. 특히 분자 생물학적 도구의 활용은 이들 분야의 연구 대상이 세포를 넘어 DNA를 포함하는 분자 단위로 확장되는 것을 도왔습니다. 이는 후천적인 환경의 변화가 체세포뿐만 아니라 생식 세포에 새겨져 다음 세대로 전달되는 후성 유전의 원리를 알아내고, 유전자와 인공 세포의 합성을 목표로 하는 합성 생물학이 나타날 수 있는 바탕이 되기도 했습니다.

한편 1980년대 이후 고생물학과 전 세계에 흩어져 살아가고 있는 수렵 채집 부족의 연구를 통해 인간의 마음 또한 뇌나 심장 같은 신체 기관처럼 오랜 진화의 과정 속에서 만들어진 일종의 정신 기관이라고 주장하는 진화 심리학이 등장했는데요. 진화 심리학에 따르면 인간의 마음은 텅 비어 있는 칠판이 아니며 우리 사회 구조와 문화, 종교 등과 마찬가지로 자연 선택의 강력한 영향을 받고 있다고 합니다. 이렇게 볼 때 생물학은 자신의 학문적 울타리를 뛰어넘어 우리의 일상 전반에 이미 들어와 있다고 볼 수 있는데요. 최근에는 심리학뿐만 아니라 뇌 과학, 경제학, 철학, 윤리학, 정치학 등과도 공통분모를 만들어 내는 등 문어발처럼 사방으로 영역을 넓히는 중입니다. 더욱이 생물학은 화성 생명체 탐사 등 우주 생물학을 통해 자신의 영토를 지구 밖으로 넓히고 있어 이제 생물학과 관련된 학문 분야를 나열하는 것은 바닷가에서 조개를 찾는 것보다 더 쉬운 일이 되었습니다.

조개는 부족이라고 하는 도끼 모양의 짧은 발을 하나 갖는데요. 이를 이용해 모래를 파고들어 가거나 기어 다닙니다. 어찌 보면 발이라고 하기엔 조금 민망하지요. 반면 문어는 여덟 개의 기다란 발을 갖는데요. 헤엄칠 때 추진력을 제공하고 게나 새우 등 먹이를 붙잡을 뿐만 아니라 산호로 위장하여 포식자를 피하고 때로는 바다뱀이나 쏠배감펭 등으로 변신해 상대방을 위협하기도 하지요.

이렇게 조개의 부족이 갖지 못하는 다양한 능력을 보여 주는 문어의 발이야말로 현대 생물학을 설명하는 키워드가 아닐까 하는 생각이 드는데요. 수집과 분류, 관찰이 전부였던 박물학의 좁은 영역을 벗어나 오늘날의 현대 생물학은 문어발이 되어 사회 과학 등 주변 학문과의 교집합을 넓히고 새로운 학문 분야를 개척하며 미래로 진화하고 있습니다. 자 그럼 변화무쌍한 현대 생물학의 발전 과정들을 이제 함께 살펴보도록 할까요?

진화학

'진화'는 생물이 여러 세대를 거치면서 일어나는 변화를 말합니다. 진화학은 진화를 전문적으로 연구하는 학문인데요. 다윈 이전에는 진화론이 없었던 것으로 흔히 알고 있지만 라마르크를 비롯한 여러 진화론자들이 진화를 연구했습니다. 라마르크는 기린의 목이 긴 이유가 사슴이 더 높은 곳의 잎을 따 먹으려고 목을 길게 늘인 결과 목이 길어진 새끼가 태어나게 된 것이며 이것이 반복되어 진화했다고 생각했죠. 그는 이 형질이 다음 세대로 전달된다고 믿었습니다. 이것은 오늘날 라마르크의 '용불용설' 즉 쓰는 기관은 발달하지만 그렇지 않은 기관은 사라진다는 이론으로 알려져 있는데 현대 진화학에서는 폐기된 이론이기도 합니다.

라마르크는 또한 생물종이 일정한 방향으로 진화한다고 생각했는데요. 일찍이 아리스토텔레스는 '자연의 사다리'라는 개념을 만들어 자연의 존재를 계층적으로 나누었는데 라마르크 역시 진화를 아래층에서 위층으로 올라가는 것으로 파악했습니다. 이는 마치 종착역이 있는 기차처럼 진화란 열등한 생물종이 고등한 생물종이라는 목적지를 향해 진보하는 것을 의미하지요.

다윈은 라마르크와 달리 진화에 목적도 방향도 없다고 생각했습니다. 라마르크의 진화론이 맞다면 세상은 인간과 같은 고등한 생물들로 가득 차야 하는데 그렇지 않았던 것이죠. 더욱이 라마르크는 그러한 변화가 어떻게 일어나는지 그 메커니즘을 설명하지 못했지요. 반면 다윈은 변이와 유전, 선택이라는 세 가지 핵심 요소를 가진 자연 선택으로 진화가 작동하는 방식을 명쾌하게 설명했습니다.

첫 번째로 사슴의 다양한 목의 길이는 각각 다양한 환경에 적응할 수 있습니다. 특히 목이 긴 돌연변이는 먹이가 부족할 때 사슴의 생존 능력을 높일 수 있지요. 이러한 변이는 진화의 원재료입니다. 두 번째로 각각의 형질은 유전적 변이를 통해서 후대로 유전되는데요. 목이 긴 변이를 어미로부터 받아 온 새끼 또한 높은 곳의 잎을 따먹을 수 있지요. 세 번째로 자연은 환경에 적응한 개체만 선택합니다. 기근이 발생하면 목이 긴 사슴이 살아남아 번식하는 것이지요. 이러한 과정이 끊임없이 반복되면 사슴은 어느새 목이 긴 기린으로 태어나는 것이지요.

물론 자연 선택은 사슴의 목을 길게 하는 방향으로만 일어나지 않습니다. 환경이 바뀌면 사슴은 다른 방향으로 진화할 수 있지요. 예컨대 어떤 지역에서 기후 등의 영향으로 나뭇잎이 적어져 풀잎을 먹어야 한다면 그곳에서는 목이 긴 사슴이 아니라 목이 짧은 사슴이 생존과 번식에 유리할 것입니다. 즉 진화에는 특정한 목적도 방향도 없지요. 환경의 변화에 따라 수시로 진화의 방향이 바뀌며 여기에 적응한 개체가 자연 선택의 대상이 되는 것이지요.

다윈의 시대에 진화론은 종교인과 다른 과학자들로부터 숱한 공격을 받았지만 진화에 대한 풍부한 증거와 과학적 논리로 막아 내고 마침내 대다수의 과학자들에 의해 정설로 받아들여졌습니다. 특히 20세기 이후 고생물학 등 진화론을 뒷받침해 주는 전통적인 학문 이외에도 분자 생물학을 받아들인 진화론은 자연 선택의 메커니즘을 유전자 수준에서 설명할 수 있게 되어 흔들리지 않는 이론이자 법칙으로 자리매김했지요.

진화론이야말로 생물학의 밑바탕입니다. 현대 생물학의 모든 분야는 진화를 이해하는 데서 출발하지요. 에른스트 마이어가 자신의 저서 『이것이 생물학이다』에서 말했듯이 진화는 이 세상을 설명하는 가장 포괄적인 원리입니다.

하지만 모든 사람들이 진화론을 받아들인 것은 아닙니다. 진화론을 인정하지 않는 사람들에게 확인 가능한 진화란 각기 다른 핀치 부리의 크기처럼 형태와 기능상의 변화가 아니라 완전히 새로운 생물종의 탄생입니다. 요컨대 이들은 초파리 실험실에서 초파리가 아닌

금파리가 나오길 바라는 것입니다.

물론 진화를 설명하는 과정들은 자연에서 시험될 수 있으며 실험실에서 확인할 수 있습니다. 다만 진화적 시간은 우리가 상상하는 것보다 훨씬 깁니다. 예컨대 해변가에서 물고기를 먹고 살던 포유류가 오늘날 고래의 모습을 갖추는 데는 무려 5000만 년의 시간이 걸렸지요. 진화는 과정이지 결과가 아닙니다. 소소한 변화가 쌓여 새로운 생물종이 나타나는 것이지요. 비뚤어진 종교적 신념은 진화의 모든 증거를 부정할 수 있어도 종이 변하는 것을 막을 수 없습니다.

진화론은 종교뿐만 아니라 우리 사회에도 커다란 영향을 미쳤습니다. 특히 20세기 초 제국주의자들은 진화론을 자신들의 입맛에 맞춰 해석하고 이를 제국주의를 옹호하는 수단으로 삼았지요. 다윈의 불도그라고 불릴 만큼 열렬한 진화론자였던 토머스 헉슬리도 그중 한 명인데요. 그는 대영 제국이 전 세계에서 식민지 전쟁을 벌이던 시절 열등한 민족은 우월한 민족의 통치를 받는 것이 필요하다고 생각했습니다. 미개국은 문명국의 도움을 받아 문명국으로 발돋움해야 한다고 말이죠.

하지만 다윈은 진화가 진보라고 말한 적이 없습니다. 현대 진화론에서도 이를 인정하지 않습니다. 흔히 오해하듯 인류는 오스트랄로피테쿠스가 진보해 호모 에렉투스가 되고 호모 에렉투스가 진보해 호모 네안데르탈렌시스가 된 것이 아니지요. 불과 몇만 년 전까지만 해도 호모 사피엔스는 호모 네안데르탈렌시스를 포함한 다섯 종의 인류와 공존했습니다. 다시 말해 오스트랄로피테쿠스 이후에 수많은 종의 인류가 존재했지만 환경에 적응한 종만이 살아남아 오늘날 우리들의 조상이 된 것에 불과하지요. 이것은 진보가 아니라 진화일 뿐입니다. 미생물을 비롯한 모든 생물은 고등한 생물이 되기 위해 단계적으로 진보해 가는 것이 아니라 각각의 환경에 적응해 살아가는 것에 불과하지요. 인류 사회는 다양한 형태로 변화해 나가는 것이지 미개국이 진보해 개발 도상국이 되고 개발 도상국이 진보해 선진국이 되는 것이 아닙니다. 모든 국가의 꿈이 선진국 하나만 있는 것은 아니지요. 요컨대 헉슬리는 진화를 진보로 오해한 것입니다.

어떤 사람들은 우리 삶의 대부분을 생존 경쟁이나 적자 생존으로 설명할 수 있다고 생각합니다. 다윈은 생존 경쟁을 말했지만 그러나 우리가 늘 전쟁터에 있다고 말하지는 않았지요. 여우를 피해 달아나는 토끼는 반드시 이웃한 토끼를 이기거나 그 토끼가 죽어야만 살 수 있는 것은 아닙니다. 여우 또한 토끼 사냥에 성공하는 날보다 실패해 굶는 날이 더 많거든요. 또한 토끼가 집단을 이루는 이유가 경쟁에서 뒤처진 토끼를 여우의 한 끼 식사로 남겨두기 위함이 아니지요. 혼자서 망을 보는 것보다 여러 마리가 함께 경계하는 것이 생존과 번식에 유리하기 때문입니다.

적자생존은 환경에 적응한 개체가 살아남는다는 뜻입니다. 이것을 어떤 사람은 강자가 살아남는다 혹은 살아남은 자가 강자다 하는 식으로 해석하는데요. 하지만 진화에 약자나 강자라는 개념은 없습니다. 환경에 적응하면 모두가 적자가 되고 반대로 적응하지 못하면 도태될 뿐이지요. 언론에서 강자와 약자를 떠들어댈수록 누군가는 이익을 봅니다. 강자가 되기 위해 99퍼센트의 약자들이 서로 싸우고 경쟁할 때 1퍼센트의 강자들은 기득권을 누릴 수 있습니다.

너도 살고 나도 살아갈 방도는 이미 우리에게 주어졌을지 모릅니다. 진화론은 99퍼센트의 적자들이 살아가는 세상이 가능하다고 말해 주고 있거든요. 진화론을 올바르게 이해하는 것은 그래서 중요하지요. 적어도 우리끼리 싸우지 않기 위해서라도 말입니다.

2

분류학

　해마다 봄이 되면 서울 여의도를 비롯해 왕벚나무가 심어진 전국의 관광지에서는 벚꽃 축제가 한창입니다. 때맞춰 벚꽃을 둘러싼 논쟁도 벌어지죠. 벚꽃은 일본 꽃이고 벚꽃 놀이 또한 왜색 문화니 따라 하지 말자는 주장에 대해 벚꽃은 일본 꽃이 아닐뿐더러 꽃을 보고 즐기는 데 국경이 어디 있냐는 의견이 맞서지요. 논쟁의 핵심은 벚꽃의 국적입니다.

　사실 벚꽃은 일본의 나라꽃이 아닌데요. 일본은 우리나라 무궁화처럼 따로 정해 놓은 나라꽃이 없거든요. 즉 벚꽃은 일본의 문화를 상징하는 꽃일 뿐 나라꽃은 아니지요. 하지만 벚꽃이 오랫동안 일본의 나라꽃 역할을 해온 것은 분명해 보입니다. 한편 일본에는 왕벚나무의 야생 자생지가 없는데요. 오히려 잎이 나오기 전에 일제히 꽃망울을 터뜨리는 왕벚나무의 자생지는 우리나라로 밝혀졌습니다. 한국이 왕벚나무의 원산지라는 주장은 여기에서 나왔지요.

그런데 2018년 국립산림과학원의 연구에 따르면 우리나라 제주의 왕벚나무와 일본의 왕벚나무는 같은 종이 아니라고 합니다. 둘의 유전체를 분석한 결과 제주 왕벚나무는 한라산과 남부지방에서 자생하는 종이고 일본 왕벚나무는 도쿄 근처의 자생종인 올벚나무와 오시마벚나무를 인위적으로 교배해 만든 품종이라는 것입니다. 즉 한국과 일본은 각각의 왕벚나무에 대한 원산지인 셈이지요. 이로써 국적 논란은 적어도 분류학적으로는 해결되었습니다.

논란의 중심에 섰던 제주 왕벚나무와 일본 왕벚나무는 모두 벚나무의 한 종류인데요. 제주 왕벚나무의 학명은 프루누스 누디플로라Prunus nudiflora이고 일본 왕벚나무는 프루누스 예도엔시스Prunus yedoensis인데 여기서 프루누스는 벚나무를 의미하지요. 즉 프루누스 누디플로라는 벚나무에 속하는 제주 왕벚나무라는 뜻입니다. 프루누스는 '속'의 이름이고 누디플로라는 '종'의 이름인데요. 예컨대 현생 인류를 뜻하는 호모 사피엔스Homo sapiens는 '호모속'에 속하는 '사피엔스종'이라는 뜻입니다. 호모 솔로엔시스와 호모 네안데르탈렌시스, 호모 플로레시엔시스 등도 같은 호모속에 속하는 종인데 호모 사피엔스를 제외한 호모의 종들은 모두 멸종되었지요.

이렇게 '속명'과 '종명'을 나란히 적는 방식을 이명법이라고 하는데요. 18세기에 분류학의 아버지라 불리는 칼 폰 린네에 의해 체계화되었습니다. 학명은 생물을 연구하기 위해 분류한 이름 즉 학술적인 이름인데요. 학명은 라틴어를 옆으로 눕힌 이탤릭체로 씁니다. 라틴어를 사용하는 이유는 이것이 죽은 언어라 뜻이 바뀔 염려가 없기 때문인데요. 예컨대 우리가 맛있게 먹는 감자가 조선 시대에는 고구마를 의미했지요. 우리말은 라틴어와 달리 살아 있기 때문에 감자의 뜻이 앞으로 또 어떻게 변할지 모르지만 라틴어는 그럴 일이 없습니다.

생물의 기본 단위는 '종'입니다. 비슷한 종을 묶은 것을 '속'이라고 하지요. 같은 '속' 안의 종들은 서로 교배할 수 있는데요. 호랑이와 사자는 교배가 가능합니다. 호랑이는 고양이과-표범속-호랑이이고 사자는 고양이과-표범속-사자이니까요. 호랑이 줄무늬에 숫사자의 갈기가 있는 라이거는 암호랑이와 숫사자가 교배해 낳은 것입니다.

유사한 '속'을 모은 것이 '과'이고 다시 비슷한 '과'를 모은 것이 '목'입니다. '목' 다음은 '강'이고 다시 '문'과 '계'로 이어지는데요. 이것들을 연결하면 종-속-과-목-강-문-계의 계층적 분류가 완성되지요. 가장 유명한 공룡인 티라노사우루스 렉스를 분류하면 동물계-척삭동물문-조룡강-용반목-티라노사우루스과-티라노사우루스속-티라노사우루스 렉스가 됩니다.

분류학은 생물종을 분류하는 학문이며 기술의 발전에 따라 분류가 달라지기도 하는데요. 린네의 시대에는 생물을 눈에 보이는 형태로 나누었지만 현재는 유전자까지 분석하기 때문에 과거에 분류해 놓은 것을 새롭게 재분류하는 경우가 많아졌지요. 한마디로 분류학은 계속 진화하는 학문이라고 할 수 있습니다.

한편 분류학은 다양성에 관한 학문이기도 한데요. 최근 중생대 백악기 때의 곤충이 호박 보석 안에서 발견되었는데 이것과 닮은 곤충이 없어 학명을 지을 때 애를 무척 많이 먹었다고 합니다. 이 곤충의 전체적인 모습은 말벌을 닮았지만 개미 같은 더듬이와 메뚜기 같은 뒷다리를 가졌고 복부는 바퀴벌레와 비슷해 결국 '벌목'에 속하는 새로운 '과'를 하나 더 만들었습니다.

지구 상에는 대략 1000만 종류의 생물종이 살고 있습니다. 지구에 존재했던 모든 생물종은 이것의 100배인 10억 종이 넘는다고 하지요. 그렇지만 지금껏 분류된 종은 이것에 훨씬 미치지 못하는 200만 종에 불과합니다. 모든 종을 찾아내 분류하는 것은 불가능하겠지만 현재 인류와 함께 살아가고 있는 종들을 빠짐없이 분류하는 것은 인류에게 아니 적어도 분류학자에게 부여된 최소한의 의무일 것입니다.

3

생태학

    최근 지구 온난화의 영향으로 봄이 일찍 찾아오는 경우가 많아졌는데요. 식물은 서둘러 꽃을 피우고 눈밭은 어느덧 풀빛으로 물들죠. 새와 개구리를 포함한 다양한 종들도 교배 시기를 앞당기지요. 그러나 봄소식을 기온이 아닌 낮의 길이로 판단하는 다른 종들에게 때 아닌 봄은 무섭기만 합니다. 예컨대 눈덧신토끼는 여전히 온 몸에 흰털을 두르고 있어 녹색 배경에서 포식자의 눈에 띄기 쉽습니다.

    온난화의 피해자는 눈덧신토끼만이 아닙니다. 온난화를 피해 북쪽으로 달아날 능력이 없거나 높은 산, 남극과 북극에 서식하는 생물은 달아날 데가 없습니다. 펭귄이나 북극곰의 운명이 그렇습니다.

지구 온난화는 점점 심각해지고 있습니다. 획기적인 대처가 필요하지요. 그러나 온난화가 미래 생태계에 어떤 영향을 미칠지 정확하게 예측하는 것은 현재로서는 어렵습니다. 우리에겐 아직도 종 다양성을 비롯하여 생물 상호간의 작용 그리고 생물과 환경과의 복잡한 상호 작용에 대한 확실한 정보가 필요합니다. 생태학은 이러한 분야를 연구하는 학문인데요. 개체와 개체군을 포함한 군집과 생태계의 전 범위를 연구 대상으로 삼아 생물 다양성을 지키는 방법이나 생태계가 파괴된 지역을 원래의 자연 상태로 되돌리는 방법을 연구합니다.

생태학은 또한 생태계가 직간접적으로 사람들에게 유익함을 주는 기능들 즉 생태계 서비스의 가치에 대해서도 연구하는데요. 참고로 생태계 서비스의 총 가치는 해마다 3경 7000조가 넘는데 이는 우리나라 총예산의 80배에 해당하지요. 이밖에도 생태학은 대지에서 석유를 뽑아 올리듯 생물 다양성 속에서 인간에게 유익한 생물을 발견하는 '생물 시추'를 연구하는데요. 예를 들어 국립농업과학원에서 발견한 꿀벌부채명나방의 애벌레는 플라스틱을 분해하기 때문에 환경 문제 해결에 도움을 줄 중요한 생물 자원으로 보고 있지요.

이처럼 생태학에는 많은 분야가 있지만 가장 중요한 과제 중 하나는 지구 온난화와 같은 전 지구적 기후 변화가 생태계 전반에 미치는 영향을 연구하는 것입니다. 예컨대 유럽산 나비의 이동 경로를 추적해 이들 종의 절반 이상이 북쪽으로 올라가고 일부는 200킬로미터 이상 움직인 것을 확인했는데 이는 온난화가 기온에 민감한 일부 종의 분포에 직접적인 영향을 준다는 것을 입증하는 것이죠. 또 온난화에 따른 온도 증가와 강우 패턴의 변화는 땅을 건조시키고 식량 생산을 감소시킬 수 있는데요. 식량 감소는 인구 증가와 함께 농지 확보에 대한 요구를 높여 숲과 초원을 파괴하고 수많은 생물종들을 멸종의 위기로 몰아가는데 이는 온난화가 간접적으로 생태계에 영향을 미친다는 것을 의미하지요.

물론 온난화가 모든 생물을 위협하는 것은 아닙니다. 침엽수에 알을 까는 나무좀벌레의 경우 온난화가 유리한데요. 건강한 나무는 이 벌레를 퇴치할 수 있지만 온난화로 건조해진 나무는 저항성이 떨어집니다. 심지어 따뜻한 날씨는 나무좀벌레가 한 번이 아닌 두 번까지 번식할 수 있게 도와주죠. 이렇게 벌레 피해를 받아 죽은 나무는 건조한 지역의 산불을 더욱 부채질하여 광대한 지역의 수많은 생물종들을 멸종으로 몰아가기도 합니다.

생태계의 모습은 하루아침에 달라지는 것이 아니기 때문에 그 변화를 깨닫기란 쉽지 않습니다. 그렇지만 찬물에 들어간 개구리가 서서히 뜨거워지는 물속에서 탈출하지 않아 결국 죽음을 맞이하게 되는 이른바 '삶은 개구리 증후군'을 우리가 겪지 않으리라는 보장은 어디에도 없습니다.

생태학은 환경 문제를 직접 해결하지 않습니다. 다만 생태계 전반에 대한 이해를 높일 뿐이죠. 예컨대 아시아에서 미국으로 건너간 칡은 생태교란을 일으키는 대표적인 침입종 중 하나인데요. 따뜻한 미국 남부 지역을 중심으로 급속히 퍼져 나간 칡은 나무와 숲을 덮어

버리고 토착 생물의 서식지를 파괴하였는데 최근에는 지구 온난화의 영향으로 북상 중이라고 합니다.

생태학자들은 칡을 퇴치하기 위해 토종 생물 목록을 꼼꼼히 살펴본 결과 최근에 칡과 비슷한 종류의 식물에 심각한 병을 일으키는 곰팡이를 발견했는데요. 통제된 실내 환경에서 곰팡이가 칡도 죽인다는 것을 확인한 연구진은 실외 실험에서도 같은 결과를 얻었습니다. 그러나 연구진은 곰팡이를 자연 생태계로 내보낼 것인지 결정하지 않았습니다. 이것은 생물 방제를 위한 초기 단계에 불과하기 때문이죠. 곰팡이가 다른 지역에서도 효과적인지 확인하는 것 이상으로 중요한 것은 피해 지역으로 보내질 곰팡이가 새로운 침입종이 되어 그 지역의 생태계를 교란시키고 생물 다양성을 감소시키는지 확인하는 것입니다. 최근 연구에 따르면 이 곰팡이의 독성이 다른 동물에 피해를 주기 때문에 생물 방제에 적당하지 않은 것으로 밝혀졌다고 합니다. 따라서 당분간은 사람이 직접 칡을 제거하는 수밖에 없습니다.

인드라망은 『화엄경』에 나오는 제석천이라는 궁전에 드리운 그물인데요. 이 그물은 투명한 구슬로 연결되어 있는데 서로를 비추며 아름답게 빛난다고 합니다. 인드라망에서 하나의 구슬을 건드리면 연결된 모든 구슬들이 연쇄적으로 반응합니다. 먹이 그물도 서로 연결되어 있다는 점에서 이와 같다고 볼 수 있죠. 예컨대 칡이라는 침입종을 제거하기 위해 곰팡이라는 새로운 종을 도입하면 새로운 문제 즉 부작용이 생길 수 있습니다. 그리고 이는 연결된 먹이 그물의 모든 생물에게 전달됩니다.

환경 문제를 해결하기 위해서는 시야를 넓혀야 합니다. 개체들이 모인 개체군과 개체군이 모인 군집 그리고 군집을 둘러싼 환경까지 전체적으로 보는 것이 생태학의 관점이지요. 칡 하나만 제거해 생태계를 복원시킨다는 것은 단순한 공학적 관점이며 이는 또 다른 환경 문제를 낳고 생태계를 불안하게 만들 뿐이랍니다.

균형이 깨진 생태계를 복원하는 올바른 방법 중 하나는 생물 간의 관계를 잘 살펴 핵심종을 우선적으로 복원하는 것입니다. 핵심종은 생태계를 유지하는 여러 생물종 가운데 결정적 역할을 하는 종을 말하는데요. 옐로스톤 국립 공원의 늑대가 바로 핵심종이죠. 이곳의 늑대 복원 사업은 1974년 늑대가 멸종 위기종으로 지정된 이후 십수 년간에 걸친 조사와 논의 속에서 신중하게 진행되었습니다. 밀렵으로 사라진 늑대를 복원시킨 이유는 늑대의 먹잇감인 사슴이 크게 늘어나 생물들의 생태계가 교란되었기 때문인데요. 즉 숫자가 늘어난 사슴이 식물의 어린싹부터 뿌리까지 먹어 치워 옐로스톤에 사는 작은 동물들의 은신처와 먹이를 사라지게 했습니다. 늑대를 복원시킨 이후 식생은 크게 변했는데 늑대가 먹다 남긴 사슴의 시체는 청소부 역할을 하는 여러 동물들의 먹이가 되었고 소형 포식자와 조류 등이 늘어나고 하천 주변에 나무가 다시 자라나 소형 동물의 안정적인 서식처와 먹이를 제공했습니다. 또한 하천에 비버가 돌아와 댐을 만들고 다양한 수생 식물의 서식지를 제공했습니다. 늑대를 복원한 결과 옐로스톤 안의 생물 간 상호 작용뿐만 아니라 물리적 환경까지 복원해 낸 것이지요.

인간은 온실가스를 본격적으로 내뿜기 시작한 산업 혁명 이전부터 포유류를 비롯한 다양한 생물을 멸종시켜 왔는데요. 최근에는 더욱 빠르게 서식지를 파괴하고 생태계를 교란시키고 있습니다. 그 속도는 공룡이 살던 중생대의 생물들이 사라져간 때보다 빠르다고 합니다. 즉 소행성의 충돌로 빚어진 다섯 번째 대멸종의 속도보다 현재 생물종이 사라져가는 속도가 빠르다는 이야기입니다. 문제는 앞으로 50년간 사라질 포유류를 복원하는 데 최소한 수백만 년이 걸린다는 사실이지요.

침입종은 생태계를 교란시키고 생물 다양성을 떨어뜨리는 반면 핵심종은 사라지면 해당 지역의 생물 다양성을 유지하기 어려워집니다. 오늘날까지 인간은 지구 생태학적 관점에서 침입종의 삶을 살아왔는데요. 이제 생태학적 연구 성과를 토대로 해답을 찾아내 현재의 부정적인 결과를 되돌리며 핵심종으로 살아갈 것인지 아니면 미래에도 계속 침입종으로 살아갈 것인지 결정하는 것은 내일을 살아갈 우리의 몫이 될 것입니다.

4

고생물학

공룡은 새의 조상입니다. 따라서 공룡이 깃털을 가졌을지 모른다고 상상하는 것은 그리 어려운 일이 아니지요. 실제로 여러 공룡 화석에서 깃털 흔적이 발견되었기 때문에 대부분의 고생물학자들은 공룡이 깃털을 가졌을 것이라고 생각합니다. 그러나 육식 공룡인 티라노사우루스 렉스 즉 T-렉스가 깃털을 가졌는지에 대해서는 고생물학자들의 의견이 갈립니다. T-렉스의 피부 화석에서 깃털이 아닌 비늘의 흔적이 나왔기 때문인데요.

T-렉스를 깃털 공룡이라고 생각하는 연구자들은 비늘 표본이 조류의 피부와 비슷하다며 이것이야말로 깃털의 증거라고 주장합니

다. 반면에 T-렉스의 화석 표본에서 깃털 그 자체의 흔적이 발견된 것은 아니기 때문에 지금 성급하게 판단할 일이 아니라는 연구자들도 많지요. 한편에서는 T-렉스가 악어처럼 우툴두툴한 피부가 아니라 털이 없는 매끈한 피부를 가졌다고 주장하는 연구자도 있지요. 요즘에는 많은 연구자들이 T-렉스가 깃털을 갖고 태어나지만 어른 T-렉스로 자라면서 차츰 빠졌을 것으로 추정하기도 합니다. 다양한 주장들이 평행선을 달리고 있지만 결정적인 화석 증거가 나오기 전까지는 이들의 논쟁이 끝날 것 같지 않습니다.

고생물학은 화석을 통해 오래전 지구에 존재했던 생물들을 연구하는 학문입니다. 망치로 돌을 다루는 것은 고생물학의 전통적인 작업 방식이지요. 하지만 현대의 고생물학은 망치가 아니라 키보드를 더 많이 두드리는 것처럼 보입니다. 최근 컴퓨터를 이용한 시뮬레이션(모의 실험)을 하거나 X선 단층 촬영(CT) 장치를 이용해 화석 데이터를 컴퓨터에 입력하는 작업이 부쩍 늘었거든요. 디지털화된 데이터는 귀중한 화석 표본을 건드리지 않고도 컴퓨터를 이용한 다양한 연구를 할 수 있습니다.

예컨대 컴퓨터 시뮬레이션은 T-렉스가 날렵한 사냥꾼이었는지 아니면 느림보 청소부였는지 추정할 수 있게 해줍니다. 기존의 연구에 따르면 T-렉스는 시속 72킬로미터로 달릴 수 있다고 하는데요. 한 연구진이 컴퓨터로 시뮬레이션을 한 결과 6톤짜리 T-렉스가 72킬로미터의 속력으로 달리면 무릎과 다른 관절에 심각한 손상을 입을 수밖에 없다고 합니다. 이들의 연구에 따르면 T-렉스의 최대 속력은

20킬로미터를 넘지 못합니다. 100미터 달리기 세계 기록을 보유하고 있는 우사인 볼트(44킬로미터)나 곰(48킬로미터)에 비해 터무니없이 느린 것이지요. 물론 T-렉스의 근육 유형을 시뮬레이션에 반영하면 최대 속력이 27킬로미터로 약간 빨라진다는 다른 연구도 있지만 T-렉스를 날렵한 사냥꾼이라고 하기엔 왠지 부족해 보입니다.

하지만 또다른 연구는 T-렉스의 다리뼈가 충격을 줄여주는 구조를 가졌을 뿐만 아니라 월등하게 긴 다리를 이용해 먹잇감이 되는 초식공룡보다 빠른 시속 30~40킬로미터로 걸었을 것으로 추정합니다. 즉 달리지 않고 걷는 것만으로도 사냥에 성공했다는 이야기이지요. 게다가 T-렉스에게 물려 상처를 입은 공룡의 화석에서 상처가 아문 흔적이 발견되어 T-렉스가 살아있는 공룡을 사냥했다는 증거로 제시되었습니다. 이같은 연구를 종합해 요즘 많은 연구자들은 T-렉스가 날렵하진 않지만 사냥을 했고 먹이가 없을 때는 청소부 노릇도 했을 것으로 봅니다.

최첨단 기술을 이용한 연구의 흐름은 고생물학의 다양한 성과로 이어지고 있는데요. 한 연구에 따르면 네안데르탈인의 화석을 스캔하고 3차원 입체 영상 모델을 만들어 시뮬레이션을 해 본 결과 네안데르탈인의 척추가 현대 인류보다 더 꼿꼿하고 폐활량도 크다는 결론을 얻었다고 합니다. 그렇다면 인터넷에서 흔히 보는 구부정한 네안데르탈인의 복원도를 수정해야 할지 모릅니다. 또한 세계적인 학술잡지 〈네이처〉에는 뭍으로 올라온 최초의 동물 중 하나로 추정되는 오로베이츠 팝스티와 똑같이 생긴 로봇을 만들어 이들의 행동과 진화 과정을 역으로 추적하는 방식의 연구가 실리기도 했는데요. 연구진은 생물학과 로봇 공학이 결합한 로봇 연구를 통해 오로베이츠가 에너지를 절약하면서 네발로 빠르게 걸었을 것이라고 분석했답니다.

컴퓨터나 로봇 기술뿐만 아니라 단백질이나 DNA를 분석하는 기술 또한 고생물학의 연구 방법에 커다란 변화를 주었는데요. 예컨대 T-렉스의 뼈에서 콜라겐 단백질을 추출해 분석했더니 오늘날의 새와 밀접한 관계를 갖는 것을 확인했다고 합니다. 굳이 화석을 통해 골격을 비교하지 않고서도 T-렉스와 새와의 연관성을 찾아낸 것이지요. DNA 해독 기술 또한 화석을 파내지 않고 발굴 현장에서 DNA를 찾아내는 것만으로 연구를 가능하게 하고 있는데요. 특히 사람의 기원과 진화를 탐구하는 고인류학 분야에서 이러한 분자 생물학적 기술은 커다란 변화를 가져오고 있다고 합니다. 이런 풍토에 대해 일부 연구자는 "화석 연구를 기초로 DNA 분석이 이루어져야" 한다며 반발하기도 하지요.

DNA를 분석하는 것은 분명 의미 있는 연구 방법입니다. 화석화된 생물의 DNA에서 진화적 역사가 담긴 기록을 살펴볼 수 있으니까요. 각 종의 조상으로부터 물려받은 DNA를 비교함으로써 공동 조상을 찾아볼 수 있죠. 그러나 이러한 DNA 분석은 고생물학 연구에서 보조적인 역할을 할 때 의미가 있습니다.

지금껏 공룡의 뼈 화석은 찾아냈어도 공룡의 DNA를 발견한 적은 없습니다. 영화 속에서는 공룡의 피를 빨다 호박 보석 안에 갇힌 모기의 뱃속에서 공룡의 DNA를 찾아내기도 하지만 그것은 영화일 뿐이죠. 나무 수액이 단단하게 굳어진 호박은 공룡 DNA를 수천만 년 보관할 만큼 성능 좋은 밀폐 용기가 아니랍니다. 전문가들에 따르면 호박에 보관된 DNA의 유통 기한은 100만 년이 고작이라고 하는데요. 이유는 호박 안에서 DNA가 잘게 부서지기 때문이죠. 게다가 추출 과정에서 다른 생물의 DNA가 섞여 오염될 수 있다고 합니다.

새는 살아남은 공룡이라고도 하는데요. 체온을 보호하거나 이성을 유혹하는 과시용으로 사용되는 깃털이 오늘날까지 새의 피부에 남아있는 이유는 공룡에게도 필요했기 때문인지 모릅니다. 따라서 T-렉스의 깃털 화석을 충분히 찾아내는 일은 T-렉스를 꼭짓점으로 형성된 공룡들의 먹이 피라미드와 생활사 그리고 중생대 백악기의 생태계를 이해하는 데 반드시 필요하지요. 컴퓨터 시뮬레이션과 로봇 그리고 단백질과 DNA를 분석하는 것은 그 다음의 일이 될 것입니다.

5

유전학

다윈은 진화가 작동하는 원리를 자연 선택에 의한 메커니즘으로 정교하게 설명했는데요. 그러나 자식에게 전달되는 부모의 유전 형질이 정확하게 무엇이며 어떻게 작동하는지는 알지 못했습니다. 당시에 그는 부모의 유전 형질이 반반씩 섞여 자식에게로 전달된다고 생각했는데 이러한 혼합 유전의 설명은 논리적 모순을 안고 있었지요. 즉 교배를 거듭해 세대를 내려가다 보면 결국 부모의 중간에 해당하는 형질만 남게 되는데 이것은 진화를 통해 새로운 종이 생겨난다는 다윈의 이론을 정면으로 반박하는 것이나 마찬가지였거든요.

다윈은 이 문제를 풀기 위해 무척 애를 썼지만 그를 비롯한 어떤 과학자도 해결하지 못하고 있었습니다. 그런데 뜻밖에도 해결의 실마리는 그레고어 멘델이라고 하는 수도사가 갖고 있었지요. 훗날 유전학의 아버지라 불리게 되는 그는 수도원 정원에서 완두를 키우며 잡종이 만들어지는 메커니즘에 대해 연구를 하고 있었는데요. 멘델은 『종의 기원』이 출간되고 6년이 지난 후인 1865년 '식물 잡종화에 관한 실험들'이라는 제목의 논문을 발표하여 고전 유전학이 시작되었음을 알렸습니다.

멘델은 이 논문에서 오늘날 우리가 우열의 법칙, 분리의 법칙 그리고 독립의 법칙이라고 부르는 유전 법칙을 설명했는데요. 그는 우성과 열성은 3:1의 비율로 나온다는 우열의 법칙을 설명하였고 순종인 우성과 순종인 열성이 교배하면 우성이 표현된 잡종만 나오지만 이들 잡종끼리 교배시키면 다음 세대에서는 열성 인자가 25퍼센트의 확률로 나오는 분리의 법칙도 설명했지요. 또한 각각의 유전인자는 다른 형질에 영향을 주지 않은 채 독립적으로 표현된다는 독립의 법칙도 설명했습니다.

멘델은 당시로서는 드물게 통계학을 도입해 자신의 실험 결과를 분석했는데요. 숫자로 정리된 완두는 일정한 규칙을 보였고 멘델은 이것을 놓치지 않았습니다. 인류가 완두를 먹기 시작한 이후 수많은 농부가 완두를 키웠고 과학자들이 이를 지켜보았지만 여기서 유전의 원리를 깨달은 사람은 멘델이 처음입니다. 진화론의 빈틈을 메워줄 실마리를 찾아낸 것이지요.

하지만 다윈은 물론 세상 그 누구도 멘델의 성과를 알아채지 못했

습니다. 다윈이 멘델과 우연히 만나 몇 마디 나누기라도 했다면 생물
학의 역사는 크게 달라졌을 텐데요. 그러나 아쉽게도 두 사람은 같은
시대를 살았지만 서로 만나지 못했습니다.

멘델이 과학자들의 주목을 받기 시작한 것은 논문이 발표되고 나
서 35년이 지난 1900년의 일이었습니다. 에리히 폰 체르마크, 카를
코렌스 그리고 휘호 더프리스가 각각 독립적인 연구를 진행하던 중
자기들의 연구가 과거 멘델이 했던 실험과 비슷한 결과를 냈다는 사
실을 알게 된 것이지요. 세 사람은 우연히도 같은 시기에 멘델의 논
문을 발견한 것입니다. 사람들은 이를 '멘델의 재발견'이라 불렀고
현대적 의미의 유전학은 이때부터 시작된 것으로 보지요.

유전학은 유전 현상과 유전 물질에 대해 연구하는 학문입니다. 유
전은 부모로부터 자식에게 특정한 형질이 전달되는 현상이고 유전
물질은 궁극적으로 DNA를 포함한 유전자 전체를 의미합니다. 그런
데 멘델이 완두를 재배하던 때는 생물학자들이 이제 막 염색체를 발
견하여 관찰하던 시절이라 DNA는 물론 유전자라는 개념도 없었을
때였죠. 멘델조차도 추상적인 단위로서 유전 인자를 이해했을 뿐이
죠. 하지만 멘델의 재발견 이후 윌리엄 베이트슨, 토머스 헌트 모건
등 많은 생물학자들이 이 분야를 연구하기 시작하였고 이후 유전자
개념이 확립되었고 유전학은 빠른 속도로 발전했습니다.

특히 베이트슨은 알아보기 어렵게 작성된 멘델의 독일어 논문을
영어로 옮기면서 쉬운 표현으로 바꾸고 『멘델의 유전 원리』라는 책
도 출판해 표현형과 유전형, 유전자와 유전학 등 새로운 용어를 자세

히 설명함으로써 멘델의 이론을 널리 알리는 데 앞장섰습니다. 한편 모건은 처음에 멘델의 법칙에 비판적이었는데요. 그는 애초에 멘델과 상관없는 연구 즉 어두운 방에서 초파리를 계속 교배시켜 눈이 필요 없는 장님 초파리를 만드는 실험을 하고 있었습니다. 그러나 우연히 흰 눈을 가진 초파리를 발견한 뒤 그는 자신의 입장을 바꾸게 됩니다. 실험실에서 빨간 눈을 가진 정상 초파리를 수십 번 교배시키자 장님 초파리가 아니라 흰 눈을 가진 초파리가 나타난 것인데요. 돌연변이의 출현에 깜짝 놀란 모건이 이 초파리를 붉은 눈을 가진 정상 초파리와 교배시키자 모두 붉은 눈을 가진 새끼 초파리가 나왔습니다. 흰 눈에 대해 붉은 눈이 우성이라는 증거였지요. 이번에는 이들 붉은 눈을 가진 새끼 초파리들끼리 교배시키자 붉은 눈과 흰 눈을 가진 초파리가 3:1의 비율로 나왔습니다. 멘델의 법칙이 다시 한 번 입증된 실험이었지요. 모건은 이밖에도 제자들과 함께 『멘델 유전 법칙의 메커니즘』이라는 유전학의 고전을 남기고 초파리 연구를 계속해 멘델의 이론과 현대 유전학을 잇는 다리 역할을 하였습니다.

모건의 실험실은 20세기 초 현대 유전학의 중심이었으며 새로운 유전학의 바탕을 마련하기도 했습니다. 모건의 제자이자 동료였던 허먼 멀러는 초파리를 X선에 노출시켜 돌연변이를 만들었는데요. 이는 돌연변이가 인위적으로 생길 수 있다는 것을 증명한 것이고 생물학 연구에 물리학이 도움이 될 수 있다는 신호였습니다.

마침 20세기 초반은 양자 역학의 성과가 기대 이상이어서 어쩌면 우주의 법칙이 생명체의 신비마저 밝혀낼지 모른다는 희망에 부풀던 때였지요. 양자 물리학자 닐스 보어는 생물학이야말로 물리학자들이 뛰어들어야 할 분야라고 강조했고 또 다른 양자 물리학자 에르빈 슈뢰딩거는 자신의 저서 『생명이란 무엇인가』를 통해 생명체도 보편적인 물리 법칙을 따른다고 주장했거든요.

비슷한 시기에 유전학자인 오즈월드 에이버리가 유전적 정보의 운반자가 DNA라는 것을 증명했고 생물학자 어윈 샤가프가 DNA 염기의 비율을 알아냈지요. 또 분자로서의 유전자가 DNA로 구성된다는 사실도 밝혀졌습니다. 이제 남은 것은 DNA의 구조를 밝히는 것뿐이었습니다.

1953년 제임스 왓슨과 프랜시스 크릭은 로절린드 프랭클린이 찍은 DNA의 X선 회절 사진을 참고해 DNA의 이중 나선 구조를 밝혀냄으로써 분자 유전학을 포함한 분자 생물학이 본격적인 학문으로 떠올랐습니다. 1977년 프레더릭 생어가 DNA 염기 서열을 해독하는 방법을 발견했고 생명의 신비를 밝히기 위한 인간 게놈 프로젝트가 1990년부터 시작되어 2003년 성공적으로 마무리되었지요. 프로젝트가 의도한 바는 아니었으나 개별적인 유전자는 없으며 오히려 유전자의 기능은 다른 유전자들과의 복합적인 관계 속에서 파악해야한다는 사실도 밝혀졌지요. 또한 DNA에 달라붙는 작은 분자에 의해서도 유전자의 발현이 조절된다는 사실이 알려져 후성 유전학이라는 새로운 학문도 생겨났습니다.

150여 년 전 수도원 한켠에 마련된 텃밭의 완두를 하나씩 세는 것에서 시작된 유전학은 오늘날 유전자의 분자를 하나씩 들여다보는 학문으로 탈바꿈했습니다. 비록 그 자신은 유전자의 실체를 몰랐지만 유전의 법칙을 만들고 유전학의 토대를 세웠던 멘델이 있었기에 오늘날 우리는 DNA분자가 만드는 생명 현상에 대해 많은 것을 알게 되었습니다.

분자 생물학

DNA가 화학 물질이라는 사실은 19세기 말에 밝혀졌고 이것이 유전 물질이라는 사실은 20세기 중반이 되어서야 알게 되었는데요. 덕분에 멘델을 비롯한 유전학의 선구자들은 DNA를 알지 못한 채 연구할 수밖에 없었지요.

20세기 초에 초파리 유전학자인 토머스 헌트 모건은 유전 현상이 염색체와 연관되어 있다는 사실을 알아냈습니다. 유전 물질이 염색체 위에 있다는 사실이 밝혀졌기 때문에 이후에 생물학자들은 유전 물질의 정체가 DNA인지 아니면 단백질인지 확인하기 시작했는데요. 대부분의 연구자들은 복잡한 화학 물질인 단백질일 거라고 생각하고 있었는데 막상 유전 물질이 DNA로 밝혀지자 많이들 허탈해했지요. 단순해 보이는 기계도 엄청나게 복잡한 설계도를 갖는데 이보다 훨씬 정교하고 복잡한 생명 현상이 당과 인산 그리고 염기 등 몇 가지 분자로만 이루어진 DNA에 의지하고 있다니 기가 찰 노릇이었지요.

한편 DNA가 유전 물질로서의 지위를 인정받은 최초의 실험은 1944년 오즈월드 에이버리의 형질 전환 실험인데요. 이는 생명이라는 추상적인 개념을 실체를 갖는 DNA의 문제로 전환시킨 사건이기도 했습니다.

에이버리의 실험으로 DNA가 유전 물질이라는 사실을 확인한 연구자들은 다음 단계로써 DNA의 구조를 밝혀내기 위한 본격적인 경주에 돌입했는데요. 때마침 에이버리의 연구에 자극받은 어윈 샤가프가 DNA의 특정 염기들이 1:1의 비율로 결합한다는 연구 결과를 발표했습니다. 이때는 이미 DNA를 구성하는 원자의 종류와 결합 방식이 알려져 있었는데 염기의 결합 비율마저 밝혀진 것이지요. 이제 DNA의 수수께끼를 풀기 위한 중요한 퍼즐 조각은 단 하나를 제외하고 모두 공개되었는데요. 마지막 남은 조각은 DNA의 입체 구조를 담고 있는 '사진 51'인데 이는 로절린드 프랭클린이 1952년 촬영한 X선 회절 사진으로서 그때는 아직 공개된 정보가 아니였지요. 따라서 DNA의 수수께끼는 풀리지 않았고 1953년까지 난공불락으로 남게 되었습니다.

퍼즐을 제일 먼저 완성한 사람은 제임스 왓슨과 프랜시스 크릭인데요. 왓슨은 우연한 기회에 프랭클린의 비공개 정보인 '사진 51'을 보게 되었고 곧 DNA가 이중 나선 구조임을 확신하게 되었습니다. 이중 나선 구조는 특히 샤가프의 법칙을 그대로 따르고 있었는데요. DNA의 네 가지 염기인 아데닌과 티민의 양이 1:1로 같으며 구아닌과 사이토신 또한 1:1의 비율로 결합한다는 샤가프의 법칙은 이중 나선 구조를 정확하게 설명했습니다. DNA를 사다리에 비유하면 염기는 사다리의 계단에 해당하지요. 많은 연구자들은 샤가프 덕분에 염기의 결합 비율을 알게 되었지만 이것으로부터 DNA의 구조를 꺼내지는 못했습니다. 그것은 샤가프도 마찬가지였지요. 한편 X선 회절 분야의 최고 전문가였던 프랭클린은 보다 선명한 사진을 찍기 전까지 DNA가 이중 나선 구조일 것이라는 확신을 뒤로 미룬 상태였기 때문에 왓슨과 크릭의 발견을 축하해 줄 수밖에 없었습니다.

이로써 DNA의 구조는 밝혀졌습니다. 사실 DNA의 3차원 입체 구조는 특별한 의미를 갖는데요. 이유는 DNA의 고유한 특성 즉 유전 정보를 저장하고 복제하며 다음 세대로 전달하는 유전 시스템을 이중 나선 형태에서 그대로 보여 주기 때문이지요. 이것은 또한 분자 생물학의 본격적인 시작을 알리는 신호탄이기도 합니다.

이러한 성과를 바탕으로 프레데릭 생어는 DNA의 염기 서열을 해석하는 방법을 발견했고 베르너 아르버 등은 제한 효소를 발견했는데 이는 유전자를 자르고 붙이는 유전자 편집 기술로 발전하였지요. 특히 2012년 제니퍼 다우드나 등이 이전의 어떠한 것보다 강력하고 정교한 크리스퍼 유전자 가위를 발견하면서 유전자 편집 기술은 현대 생물학의 흐름을 바꾸고 있습니다.

한편 1958년 크릭은 생물학 역사에 남을 중요한 개념 하나를 제시했는데요. 이른바 분자 생물학의 '중심 이론Central Dogma'이라는 명제입니다. 중심 이론에 따르면 DNA의 유전 정보는 RNA를 거쳐 단백질로 전달되며 그 반대 방향으로는 전달되지 않습니다.

중심 이론은 한동안 분자 생물학을 지배하는 글자 그대로의 중심되는 이론이었지만 다양한 연구가 이루어지면서 그 예외가 발생하였습니다. 이는 빛과 시간이 중력에 의해 굴곡되듯이 중심 이론은 프리온과 레트로바이러스에 의해 반박되었는데요. 예컨대 광우병을 일으키는 프리온 단백질은 다른 단백질과 접촉하는 것만으로도 그 단백질의 구조를 바꿀 수 있습니다. 이는 프리온 단백질의 정보가 또 다른 단백질로 전달되는 것으로 볼 수 있지요. 또한 레트로바이러스는 중심 이론에 의해 DNA에서 RNA를 합성하는 것이 아니라 반대로 RNA에서 DNA를 합성하지요. 물론 이런 예외는 극히 드물었기 때문에 중심 이론 자체가 흔들리지 않았습니다.

유전 현상과 생명 현상을 분자 수준에서 연구하는 분자 생물학은 생물학의 기초분야로 자리 잡았는데요. 그러다보니 기존의 전통적인 기초 학문들과 연구 분야가 겹치기도 합니다. 특히 분자 생물학은 유전 정보를 담고 있는 DNA를 분자로 대하기 때문에 이웃한 학문 즉 생화학 등과 구분하기 어렵지요. 또 DNA가 자리 잡고 있는 세포가 주요한 실험 대상이 된다는 측면에서 세포 생물학과도 따로 떼어놓고 생각하기도 어렵습니다. 이들 학문 분야는 세포를 구성하는 모든 분자들이 보편적인 물리 화학적 법칙을 따르며 따라서 생명 현상도 궁극적으로 물리 법칙과 화학 반응으로 설명할 수 있다는 믿음을 지니고 있습니다.

하지만 분자 생물학은 DNA와 RNA를 중심으로 벌어지는 화학 반응에 더 많은 관심을 보이기 때문에 생명체 또는 세포 안에서 벌어지는 분자들의 화학 반응과 대사 반응에 치중하는 생화학과 약간의 차이가 있지요. 외부 세계와 끊임없이 소통하는 세포로서의 화학 반응을 살피는 세포 생물학과도 구분 지을 수도 있습니다. 하지만 이들 분야를 대표하는 두 학회인 '한국 분자 세포 생물학회'와 '생화학 분자 생물학회'의 학회 명에서 분자 생물학과 세포 생물학, 생화학과 분자 생물학을 구분 짓지 않았듯이 이들 사이에 경계를 긋는 것은 사실상 무의미하지요.

분자 생물학은 특히 1990년에 시작해 2003년 마무리된 인간 게놈 프로젝트를 통해 다시 한 번 도약했는데요. 프로젝트 초기에는 30억 개에 달하는 인간 게놈 염기쌍의 서열을 결정하기 위해 수백 명의 전문가들이 달라붙어 10년 동안 분석해야 했지만 이제는 가정용 프린터만 한 크기의 장비로 하루가 안 걸립니다. 초기에 1000억 원 이상 들던 비용 또한 지금은 100만 원이 안 될 정도로 저렴해졌지요. 이는 결과적으로 생명체의 전체 게놈을 다루는 유전체학을 본격적으로 떠오르게 하고 디지털화된 방대한 생물 정보를 처리하는 생물 정보학이 탄생하는 원동력이 되었지요. 최근에는 DNA를 반도체 메모리를 대신할 새로운 저장 장치로 사용하려는 DNA 컴퓨팅 분야도 생겼다고 합니다.

　최근 DNA를 생명의 일부가 아닌 정보의 조각으로 보는 경향이 짙어졌는데요. 연구자들에게 DNA 염기 서열은 컴퓨터로 처리되는 단순한 디지털 정보일 수 있지요. 컴퓨터 데이터로서 DNA 염기 서열을 빼고 넣고 합성할 수준에 도달한 분자 생물학은 이제 신의 영역이라 불리는 생명의 탄생까지 넘보게 되었지요. 하지만 우리는 여기에 걸맞은 생명 윤리 의식을 갖추지 못했습니다. 분자 생물학의 무한한 가능성은 우리의 질병을 고치고 건강을 향상시키는 것에 결코 그치지 않을 것입니다. 그렇다면 우리가 분자 생물학에 어떤 방향을 제시할 것인가. 분명 이것은 이 분야의 연구만큼이나 중요한 과제가 될 것입니다.

7

합성 생물학

인류 과학 문명은 위대한 발견 위에 세워졌습니다. 17세기 만유인력의 발견은 행성의 움직임을 설명했으며 18세기 산소의 발견은 화학 혁명을 앞당겼고 19세기 진화론의 발견은 세상의 중심에서 신을 밀어냈으며 20세기 DNA의 이중 나선 구조의 발견은 마침내 인간에게 신의 도구를 선사했지요. 그러나 21세기의 과학 문명은 발견이 아니라 발명 위에 세워질지도 모릅니다. 합성 생물학의 시대가 오고 있기 때문입니다.

합성 생물학은 생물학에 공학적 개념을 결합시킨 학문입니다. 즉 전기 회로에 부품을 조립해 전자 제품을 만드는 것처럼 유전자 회로

를 설계하고 부품화된 유전자를 조립하는 것이지요. 여기서 생명체
는 유전자 회로에 DNA라는 소프트웨어가 탑재된 기계로 여겨집니
다. 합성 생물학을 이용하면 생명체를 모방하거나 자연에 존재하지
않는 인공 생명체를 제작하고 합성할 수 있지요. 기존의 생물학이 자
연과 생명체의 숨은 법칙을 발견하는 것이라면 반대로 합성 생물학
은 생명을 발명하는 학문입니다.

합성 생물학은 30억 개에 달하는 인간 유전체의 염기 서열을 밝혀
낸 인간 게놈 프로젝트의 연장선에서 탄생했는데요. DNA 염기 서열
을 일종의 설계도라고 가정하면 이미 밝혀진 30억 개의 DNA 염기를
그대로 합성하여 인간 유전체 전체를 복제할 수도 있지요. 더 나아가
DNA 일부를 편집하면 새로운 능력을 갖는 인간 유전체도 합성할 수
있습니다.

합성 생물학은 기관에서 조직, 세포 그리고 세포 소기관과 각각의
구성 요소로 관찰 범위를 점차 축소하면서 연구하는 위에서 아래로
의 접근 방법이 아니라 반대로 세포를 구성하는 것부터 시작하는 아
래에서 위로의 접근 방법을 이용하는데요. 이 방법은 세포를 구성하
는 분자들 간의 상호 작용과 세포 간의 상호 작용을 관찰할 수 있으
며 궁극적으로는 조직과 기관을 합성해 하나의 새로운 생명체를 탄
생시킬 수도 있습니다.

최초의 인공 세포는 2010년 크레이그 벤터의 연구팀이 합성했습
니다. 벤터는 인간 게놈 프로젝트를 정부가 아닌 자신이 세운 기업
차원에서 독립적으로 추진하기도 했지요. 벤터가 인공 세포를 합성

했던 과정은 편의상 크게 두 단계로 나눌 수 있는데요. 첫 번째는 미코플라스마라는 비교적 단순한 박테리아의 유전체를 합성하는 단계입니다. 두 번째는 유전체를 지워 버린 다른 박테리아에 합성된 유전체를 이식하는 단계입니다. 벤터는 이렇게 만들어진 인공 세포를 통해 생명체가 탄생한 과정을 알아내겠다고 밝힌 바 있습니다.

한편 벤터는 여기서 멈추지 않고 2017년에는 미코플라스마의 유전체를 절반으로 줄인 새로운 박테리아를 만들기도 했습니다. 최소한의 유전자만을 갖는 인공 세포를 만든 이유는 효율성 때문이지요. 현재 많은 의약품의 생산은 박테리아에 의존하고 있는데요. 만약 레고 블록처럼 유전자를 조립해 필요한 기능만을 갖춘 박테리아를 인공적으로 합성한다면 기존 박테리아에 비해 의약품 생산에 들이는 시간과 비용을 크게 줄일 수 있을 것입니다.

합성 생물학은 특히 벽에 부딪힌 항생제 개발에 돌파구가 될지도 모릅니다. 항생제는 박테리아가 다른 종류의 박테리아의 성장을 막기 위해 만든 항생 물질인데요. 기존 항생제의 상당수는 방선균 등 토양 박테리아에서 찾아냈지요. 하지만 실험실에서 후보 박테리아를 종류별로 증식시킨 후 항생 물질을 분리 추출하고 그 효과를 일일이 확인하는 과정은 쉽지 않기 때문에 그동안 항생제 개발은 규모가 큰 연구실에서만 가능했지요. 더욱이 최근 몇 년간은 새로운 항생 물질을 발견하지도 못했습니다.

그런데 최근 한 연구진이 합성 생물학을 이용해 새로운 항생제를 개발했다고 합니다. 연구진은 슈퍼 박테리아가 있는 사람의 코 점막에서 면봉으로 박테리아들을 긁어모아 유전체를 분석한 뒤 항생 물질을 만드는 유전자를 찾아내 이를 합성했습니다. 슈퍼 박테리아는 대부분의 사람에게 해롭지 않은데 그 이유 중 하나는 슈퍼 박테리아에 작용하는 항생 물질을 만드는 일종의 천적 박테리아가 함께 있기 때문이죠. 여기서 주목할 점은 연구진이 항생 물질을 분비하는 박테리아를 배양해 항생 물질을 발견한 것이 아니라는 데 있습니다. 즉 연구진은 슈퍼 박테리아의 구조를 파악해 약점을 알아낸 뒤 여기에 딱 맞는 항생 물질의 3차원 구조를 컴퓨터로 예측해 내고 필요한 유전자를 합성한 것입니다. 요컨대 항생제를 만들어 내는 합성 생물학의 방식은 발견하는 것이 아니라 컴퓨터로 예측하고 이를 발명하는 것입니다.

합성 생물학이 다른 생물학 분야와 다른 점이 있다면 컴퓨터 프로그래밍 기술을 적극 사용한다는 것입니다. 염기 서열을 데이터로 받아들인 컴퓨터는 사이버 공간 안에서 세포를 만들어 낼 수 있는데요. 심지어 컴퓨터 프로그래밍 언어처럼 DNA 회로를 작성할 수 있는 합성 생물학 프로그래밍 언어도 개발되어 있습니다. 이를 통해 진짜 세포가 아닌 가상의 세포를 다루는 '드라이 랩Dry Lab'은 합성 생물학의 중요한 실험 방법 중 하나가 되었습니다.

하지만 가상의 세포를 만들어 낼 수 있어도 합성 생물학은 진짜 세포는 만들어 내지 못합니다. 바이러스나 박테리아의 유전자를 합성할 수 있어도 세포내 소기관을 직접 합성하지는 못하고 있으니 여전히 자연의 힘을 빌리고 있는 셈이죠. 그런 의미에서 벤터가 만들어

낸 박테리아는 순수한 합성 생물은 아니지요. 사실 합성 생물학이 사용하는 기술은 유전자를 편집해 GMO를 만드는 기술과 크게 다르지 않습니다. 그렇지만 합성 생물학은 지금껏 생물학이 하지 않은 새로운 분야에 뛰어들고 있습니다.

최근 언론 보도에 따르면 DNA에 인공 염기를 추가한 새로운 DNA가 발명되었다고 하는데요. 이러한 확장된 DNA 즉 XNA는 기존의 네 가지 염기를 포함해 전체적으로 여섯 가지 혹은 여덟 가지의 염기를 갖는데 지구 생명체와는 전혀 다른 유전 물질을 가질지 모를 외계 생명체를 찾기 위해 개발되었다고 합니다. 외계 탐사 외에도 XNA는 의약품 개발이나 질병 진단 또는 병해충에 강하거나 척박한 환경에서도 살아남는 작물을 만드는 등 다양한 분야에 적용될 수 있다고 합니다. 기존에 없던 구조를 갖기 때문에 새로운 시도를 할 수 있는 것은 분명해 보이지만 쉽게 지나칠 수 없는 문제점도 보입니다.

즉 인공 염기를 추가한 XNA가 현재 지구 자연계에는 없는 새로운 유전 물질이라는 점입니다. GMO도 그렇지만 유전자든 새로운 유전 물질이든 자연계에 없는 전혀 새로운 유전 관련 물질은 자칫 자연 생태계에 씻을 수 없는 상처를 남길 수 있습니다. 환경 단체의 강력한 저항에 부딪쳐 실제 사업화되지 못했지만, 불임 유전자가 작동해 종자를 맺지 못하게 하는 터미테이터 기술은 이런 우려 때문에 금단의 영역에 남은 것이지요.

물론 XNA를 개발한 연구진은 당장 XNA가 실험실을 벗어날 일은 없다고 장담합니다. GMO는 DNA의 재료가 되는 네 가지 염기를 자연계에서 얼마든지 구할 수 있지만 XNA는 실험실에서 인공 염기를 공급해 주지 않으면 생존할 수 없다고 말입니다. 하지만 이와 비슷한 실험이 앞으로 많아질 것이라고 생각하면 안심할 수 없는 상황입니다. 따라서 XNA 또한 GMO 논의와 같은 수준 혹은 그 이상의 수준에서 안전성과 윤리 문제를 고민해야 할 것으로 보입니다.

합성 생물학의 역사는 짧습니다. 연구 성과도 아직 미미하지요. 하지만 합성 생물학이 몰고 올 미래는 과거와는 분명 다를 것입니다. 자연의 심오한 법칙을 발견하던 시대를 지나 생명체를 합성하고 발명하는 시대는 분명 우리에게 새로운 가치관과 세계관을 요구할 것이기 때문입니다.

후성 유전학

유전자는 유전병의 원인입니다. 예를 들어 대표적인 정신 질환인 조현병은 유전병의 일종인데 이 병이 나타날지 나타나지 않을지를 결정하는 데는 유전자가 중요한 역할을 하지요. 현대의 과학자들은 모두가 이러한 사실을 알고 있습니다. 그런데 궁금합니다. 유전자가 조현병과 강한 관련이 있다는 것은 어떻게 알았을까요?

답은 일란성 쌍둥이 중 한쪽이 조현병에 걸리면 다른 한쪽도 이 병에 걸릴 확률이 무려 50퍼센트에 달한다는 사실에 있습니다. 일반인들 사이에서 조현병이 나타날 확률이 1퍼센트보다 작은데 이들보다 일란성 쌍둥이 사이에서 발병 확률이 훨씬 크게 나타나는 이유입니다.

　그러나 진짜 궁금한 것은 이것이 아닙니다. 둘 중 한 명이 조현병에 걸렸을 때 나머지 한 명도 조현병에 걸릴 확률이 왜 50퍼센트보다 높지 않은가? 그것이 궁금한 것이죠. 아니 더 정확히는 왜 100퍼센트가 되지 않는 것일까 하는 것입니다. DNA 코드가 정확하게 일치한다는 일란성 쌍둥이가 유전병을 공유할 확률이란 언제나 100퍼센트가 돼야 할 텐데 말이죠. 흔히들 알고 있듯 환경 차이 때문이 아닐까요? 그러나 겉은 물론 속까지 똑같은 이들에게 유전병이 다르게 나타나는 것은 단지 외부 환경의 차이로만 설명하기 어려워 보입니다. 왜냐면 그들 대부분은 수정란이 만들어진 이후 엄마의 자궁을 비롯한 거의 모든 환경을 공유하며 성장하기 때문이죠. 같은 유전자와 같은 성장 환경 그러나 다른 표현형. 이들을 설명할 방법은 유전자 내부가 아니라 외부에 있을지 모릅니다.

　『유전자는 네가 한 일을 알고 있다』의 저자 네사 캐리는 이렇게 유전자가 동일한 개인들 간에 서로 다른 차이가 나타나는 현상을 후성유전학의 사례 중 하나로 설명합니다. 예컨대 굶주림의 겨울이라 불리는 네덜란드 대기근 때 엄마 뱃속에서 심각한 영양실조를 겪은 아이들이 성장했을 때 비만과 당뇨 등 만성 질환에 시달릴 확률이 높았으며 심지어 이들의 손자 손녀까지도 같은 질환을 겪을 가능성이 컸다는 연구 결과는 대표적인 후성 유전학적 사례에 해당합니다. 또 어린 시절 학대나 방치를 경험한 아이가 훗날 어른이 되었을 때 심각한 정신적 고통을 받는 이유도 이것으로 설명할 수 있지요. 이들 사례는 표면적으로 아무런 연결 고리가 없어 보이지만 어릴 적 생존 환경이 그들의 몸 속에 있는 유전자에 영향을 미친다는 측면에서 밀접하게 연결되어 있습니다.

후성 유전학epi-genetics은 쉽게 말해 생존 환경이 유전자에 미치는 영향을 연구하는 학문인데요. 후성 유전학은 유전자가 변형되거나 조작되는 것에 관심을 두는 것이 아니라 유전자에 남겨진 특별한 표시 즉 후성 유전학적 표지를 주목하는 겁니다. 후성 유전학적 표지란 DNA에 달라붙는 작은 화학 분자를 가리킵니다.

사실 DNA는 아무것도 섞이지 않은 순수한 물질이 아닙니다. DNA에 작은 화학 분자들이 달라붙거나 떨어지면 해당 부위의 유전자가 억제되거나 발현하게 되는데요. 즉 이것들은 DNA의 염기 서열을 건드리지 않으면서 특정 부분을 펼치거나 단백질에 노출시켜 유전자의 활성을 촉진시키거나 억제할 수 있습니다. 심지어 어떤 단백질이나 RNA를 만들지도 결정하게 할 수 있답니다. 이처럼 후성 유전학적 표지란 유전자의 변화를 나타내는 지문이라고 할 수 있습니다.

후성 유전학적 표지 중에서 특히 메틸기는 DNA를 이루는 네 가지 염기 중 사이토신을 찾아 달라붙어 유전자가 발현되지 못하도록 제어합니다. 반대로 아세틸기는 DNA를 코일처럼 둘둘 말고 있는 실패처럼 보이는 히스톤 단백질을 제어해 유전자를 발현하도록 제어하죠.

이처럼 유전자에 붙는 갖가지 후성 유전학적 표지는 악보에 메모를 하는 것에 비유할 수 있습니다. 즉 오케스트라의 어떤 악기는 강조하고 또 어떤 악기는 소리 나지 않게 하는 것과 비슷하지요. 메모는 연극 대본에서도 사용할 수 있죠. 즉 어떤 대사는 크게 읽지만 다른 대사는 건너뛰는 것처럼 말입니다. 요리책에 붙여 놓은 메모도 마찬가지입니다. 유전자를 때론 활성화시키고 때론 침묵시키는 것은 후성 유전학적 방법입니다.

한편 체세포의 경험은 유전되지 않습니다. 리처드 도킨스의 표현이 맞다면 우리는 유전자의 운반자에 불과하지만 실제로 유전자를 운반하는 단위는 체세포가 아니라 생식 세포입니다. 비록 생존 환경이 체세포에 어떠한 변화를 일으킨다 해도 체세포의 유전자는 대물림되지 않죠. 유전자는 생식 세포를 통해서만 운반될 수 있습니다. 다시 말해 체세포가 획득한 후천적인 형질은 생식 세포로 전달될 수 없기 때문에 목수 아빠의 굵은 팔뚝은 아들에게 유전되지 않는 것이죠. 체세포와 생식 세포 사이에는 넘을 수 없는 높은 장벽이 자리 잡고 있지요. 진화학자인 아우구스트 바이스만이 쥐의 꼬리를 여러 세대에 걸쳐 잘랐지만 단 한 마리의 쥐도 자식에게 짧은 꼬리를 남기지 않은 것은 오직 생식 세포의 유전자에 생긴 변화만이 자식에게 전달되기 때문이었죠.

한동안 우리는 유전자가 전부인 양 배워 왔습니다. 후천적으로 획득된 것은 아무것도 자식 세대로 전달될 수 없다는 생각이 우리의 사고를 강하게 지배했던 거죠. 하지만 굶주린 겨울의 유전적 기억처럼 재난의 경험이 세대를 건너 대물림된다는 연구 결과는 이 같은 관점에 균열을 냈습니다. 150년의 세월을 넘어 라마르크의 진화론이 되

살아 난 것입니다.

　후성 유전학의 연구는 꽤 오래전부터 시작되었습니다. 하지만 본격적으로 알려지기 시작한 것은 관련 지식이 축적된 최근의 일이죠. 현재 암을 비롯해 백혈병, 림프종 등의 치료를 위한 약물 개발에 후성 유전학 연구가 진행되고 있지만 주류 학문에 비하면 새로 떠오른 학문이나 다름없습니다. 그러나 후성 유전학적 표지는 새로운 기능이 아닙니다. DNA에 메틸기가 붙고 히스톤 단백질에 아세틸기가 붙는 등의 현상은 정상적인 세포 활동의 일부이며 우리가 뒤늦게 알아차린 것들에 불과하지요. 또한 후성 유전학은 유전자가 전부가 아니라는 것을 보여 주지만 다윈으로부터 이어져 온 진화의 메커니즘을 무너뜨리는 것은 더더욱 아니지요. 그렇지만 유전자의 운명을 구부릴 수 있는 방법을 찾아내는 것이야말로 후성 유전학이 존재하는 이유임에 분명해 보입니다.

진화 심리학

『종의 기원』에서 찰스 다윈은 이렇게 말합니다. "나는 먼 미래에 나타날 훨씬 더 중요한 연구를 위한 탁 트인 벌판을 바라본다. 심리학은 생물학의 새로운 기초 위에 세워질 것이다. 그리고 인류의 기원과 역사에 밝은 빛을 비춰 줄 것이다."

그러나 다윈의 예언은 빗나갔습니다. 오늘날의 심리학은 생물학의 기초 위에 올라서기를 거부하고 있으며 생물학 또한 심리학을 만나도 그냥 데면데면하지요. 국내 대학들의 심리학과만 살펴봐도 대부분 독립된 단과 대학이 아닌 문과 대학이나 사회 과학 대학에 속해 있습니다. 최근 심리학이 뇌 과학과 인지 과학의 성과를 공유하는 새로운 흐름 속에 있다는 점을 고려하면 다소 이해가 안 되는 부분이지요. 물론 모든 대학이 그런 것은 아니고 일부 대학에서는 심리학과를 심리학부로 전환해 인문학과 사회 과학 그리고 자연 과학의 결합을 시도하는 중이라고 합니다.

사실 생물학은 다른 분야의 학문들과 만나려는 노력을 계속해 왔습니다. 개미나 꿀벌 등 사회성을 가진 동물의 행동을 연구하는 사회 생물학 연구자들은 더욱 그랬지요. 이들은 사회적 행동이 진화의 산물이라고 주장하는데요. 즉 진화적 시간 속에서 이루어진 유전자와 환경의 상호 작용이 사회적 행동을 만들어 냈다고 생각하는 것이지요. 이 논리를 좀 더 밀고 나가면 인간의 행동도 진화적으로 다듬어질 수 있으며 인간의 사회적 행동을 연구하는 사회 과학도 생물학적 기초 위에 세워질 수 있다는 이야기로 발전할 수 있지요. 사회 생물학의 창시자인 에드워드 윌슨이 "사회 과학은 생물학의 마지막 분과가 될 것이다"라고 한 것은 괜한 말이 아닙니다.

생물학은 생명 현상에 대한 궁극의 진리를 파헤치는 학문입니다. 진화는 모든 생물종을 만들어 내는 자연의 기본 원리입니다. 우리의 얼굴과 팔다리를 비롯해 신체 구석구석을 만들어 내는 힘은 진화에 있지요. 우리의 행동은 물론 심리도 만들어 냅니다. 갓 태어난 아기가 울음을 터뜨리고 엄마의 젖을 빠는 것은 엄마, 아빠 혹은 의사나 간호사가 그렇게 하라고 가르쳐서가 아니지요. 또 어린아이가 기다랗고 꿈틀거리는 것을 무서워하는 것이나 거미가 기어오르는 걸 무서워하는 것은 학습한 것이 아니라 우리 DNA에 그렇게 각인되어 있기 때문이지요.

심리학에서 마음이 추상적인 개념에 가깝다면 진화 심리학에서 마음은 좀 더 구체적인 실체에 가깝습니다. 진화 심리학에서 마음은 자연 선택에 의해 진화한 눈이나 심장, 신장 기관과 마찬가지로 하나의 기관으로 여겨지는데요. 즉 마음은 정신 기관입니다. 이러한 마음 기관을 전문 용어로 '진화된 심리 기제'라고 부릅니다. 진화된 심리 기제는 연산 장치 모듈과 비슷한데요. 이 모듈은 입력과 중앙 처리 장치 그리고 출력으로 구성됩니다. 예컨대 달콤한 냄새가 나는 과일을 본 것이 입력이라면 이것을 먹고 싶어 침을 흘린다거나 앞뒤 안 가리고 허겁지겁 먹는 등의 다양한 행동은 출력이 되지요. 뱀을 보았다는 입력은 그 자리에서 몸이 굳어 버리거나 멀리 피한다는 출력으로 나타날 수 있답니다. 마음은 이런 모듈들이 수없이 많이 모여 만들어진 집합이며 각각의 모듈은 특정한 역할을 잘 수행하게끔 진화되었지요. 간혹 칼과 가위 등 다양한 도구를 한꺼번에 갖춘 스위스 군용 칼에 마음을 비유하는 것은 이 같은 이유입니다.

진화 심리학의 관점에서 우리의 마음은 생물학적 진화의 산물입니다. 우리 인간은 인류사의 99퍼센트 이상을 수렵·채집을 하며 보냈는데요. 농사는 고작 1만 년 전에 시작했을 뿐입니다. 최초의 인류가 탄생한 뒤로 수백만 년 동안 남자들은 사냥을 하고 여자들은 열매를 따며 집단생활을 했지요. 즉 우리의 마음은 아프리카 사바나에서 생활하던 수렵·채집인의 마음과 크게 다르지 않습니다. 다시 말해 우리 현대인의 두개골 안에 원시인의 마음이 들어 있는 것입니다.

진화 심리학에 따르면 남녀는 공간 지각력에서 차이를 보인다고 하는데요. 그 이유는 사냥을 마친 뒤 동서남북 방향을 잡아 집을 찾아오는 남자들과 집 주변의 나무와 바위 등에 의지해 맛있는 열매와 뿌리가 있는 위치를 기억했던 여자들을 우리들의 할아버지, 할머니로 두었기 때문이라고 합니다. 진화 심리학의 주장에 따르면 가부장제 또한 자원과 지위를 독차지한 남자가 자원 통제력을 이용해 여자를 억압하고 폭력까지 동원하여 성적으로 지배하는 과정이 수천, 수만 세대를 거치면서 그 모습을 갖추었다고 합니다.

그러나 이러한 진화 심리학의 연구는 아직 확정적인 것이 아닙니다. 따라서 논쟁적이죠. 사냥꾼 가설에 따르면 남자는 사냥을 통해 동물성 단백질이라는 고급 음식을 가족에게 공급했고 이를 수행하기 위해 도구와 연장을 발명했으며 고도의 전략을 짜고 협력하는 방법을 익혔다고 합니다. 반면 여자는 아이와 집안을 돌보며 집주변의 뿌리와 열매를 채집하는 데 그쳤다고 합니다. 즉 인류가 나무에서 내려와 두 발로 걷고 도구를 사용하며 지능이 향상된 이유는 남자가 사냥꾼이기 때문이라는 것이지요. 이런 주장에 대해 진화생물학자 세라 블래퍼 허디는 "최고 사냥꾼의 아이들이 잘 먹는 까닭은 아버지가 더 많은 고기를 가져다주어서가 아니라 아버지가 가장 뛰어난 채집자와 결혼하는 데 성공했기 때문이다"라며 진화의 역사에서 여자도 중요한 역할을 했다고 주장합니다. 고인류학자 커스틴 호크스도 할머니 가설을 통해 아이 돌보기 등 육아 과정에서 할머니가 남자보다 더 중요한 역할을 했으며 사냥 또한 남자의 전유물이 아니며 나이든 여자들도 적극 참여했으며 사냥 도구와 채집 도구를 만들고 다루는 방법을 다음 세대에 전하는 역할을 여자들이 담당했다고 주장합니다. 요컨대 인류의 기원과 진화가 사냥을 통해 이루어졌으며 그 중심에는 남자가 있다는 주장과 여자들도 사냥과 경제 활동에 가담했으며 사냥뿐만 아니라 채집을 통해서도 인류가 진화했다는 주장이 팽팽하게 맞서고 있는 상황이지요.

사실 진화 심리학의 연구에서 논쟁적인 부분은 페미니즘과 관련되는데요. 예컨대 현존하는 수렵·채집인의 생활사 연구에서 남자가 여자보다 아이를 돌보는 시간이 훨씬 적게 나왔는데 이를 근거로 육아는 과거부터 여성이 담당해 왔다고 주장하여 사회적 논란이 되었지요. 남자는 정자를 생산하는 비용이 적기 때문에 외도를 꿈꾸는 반면 여자는 난자를 생산하는 에너지가 상대적으로 크며 육아에 대한 고통이 따르기 때문에 자신과 자신의 아이를 보호할 자상하고 자원이 풍부한 남자를 선호한다는 주장도 그렇지요. 이는 곧 남자는 바람기가 있고 여자는 돈 많은 남자를 밝힌다는 사회적 통설을 옹호하는 것처럼 들려 또 다른 논란을 불러 일으켰습니다.

진화 심리학은 인간의 행동 자체보다는 그 속에 숨어 있는 마음을 연구하는 학문입니다. 그런데 그 마음은 현대인의 것이 아니라 수십만 년 전에 이미 구성을 마친 수렵·채집인의 마음이지요. 인류 조상의 생활사는 세계 각지에 흩어져 있는 현존하는 수렵·채집인의 관찰과 고인류학자의 연구로부터 추정할 뿐입니다. 그러니 인류 조상 남자들이 여자들을 차별했다는 확실한 증거는 없다고 할 수 있지요.

우리는 과학적 설명을 신뢰하는 경향을 지니고 있습니다. '자연스럽다'라는 말에서 '자연'은 '있는 그대로'를 의미하지요. 과학은 있는 그대로를 드러내는 학문입니다. 따라서 과학적 발언은 상당한 설득력이 있습니다. 물론 과학적 진실은 불완전해서 새로운 발견과 논쟁을 통해 언제든지 바뀔 수 있지만 우리처럼 과학을 암기 지식으로 배우는 교육 풍토에서 과학적 발언은 자명한 진실로 받아들여질 수밖에 없지요. 예컨대 가부장제와 성차별이 진화의 산물이라는 설명만으로도 부당한 억압과 차별을 정당화하는 수단으로 쓰일 수 있다는 것입니다.

사실 자연적인 현상을 발견하고 그것을 과학적으로 설명하는 것 자체는 사회 가치적 잣대로 옳다거나 그르다고 판단할 수 없습니다. 사람이 단 것을 좋아하는 것은 인류 조상들의 생활사에서 당분이 귀한 자원이었다는 사실을 설명하는 것뿐이지 그것을 좋아하는 마음이나 행동이 옳다고 말하는 것이 아닙니다. 반대로 현대인을 괴롭히는 비만과 만성 질환이 당분을 좋아하는 습성이 남아 있어서 그럴 수도 있다고 말하는 것 또한 그런 현상을 설명하는 것에 불과하지 그것이 옳다 그르다 말하는 것은 아닙니다. 진화 심리학적 설명과 그것에 대한 사회적 해석은 다양할 수 있습니다. 이를 인정하고 인류 사회의 부당한 억압과 차별을 해소하기 위해 노력하는 것이 중요합니다.

진화 심리학은 신생 학문이며 미숙한 학문입니다. 인간의 행동이 유전자의 영향을 받는다는 사실에 동의했을 뿐 어느 정도까지 마음과 행동을 제어할 수 있을지 알아내지 못했지요. 물론 심리학자를 비롯한 사회 과학자들은 유전자의 역할이 문화보다 크지 않다고 봅니다. 중력으로 건축 양식을 설명할 수 없다는 말처럼 유전자의 역할은 어쩌면 제한적일 수 있지요. 하지만 유전자가 문화를 속박한다는 주장처럼 의외로 유전자의 자기장이 강할 수도 있습니다.

진화 심리학이 성숙한 학문으로 나아가기 위해서는 선사 시대 인류 조상들의 생활사를 확실하게 입증해야 합니다. 그때까지 심리학은 생물학이 아니어도 상관이 없겠지요. '모든 심리학은 진화 심리학'이라는 도발적인 주장도 당분간 잊어야 할 것입니다.

10

우주 생물학

앨프리드 러셀 월리스는 다윈과 거의 동시에 자연 선택에 의한 진화론을 발견했습니다. 그러다 말년에 유심론에 깊이 빠져들어 정신이야말로 진정한 실체라고 믿게 되었죠. 그는 인간의 마음이 진화로 설명될 수 없으며 우주 안에 존재하는 어떤 뛰어난 지능의 소유자에 의해 설계된 것이 분명하다고 주장했는데요. 심지어 우주가 존재하는 이유에 대해 인간의 정신세계가 진화하기 때문이라고 설명하기도 했지요. 월리스의 이 같은 파격적인 주장은 다윈의 진화론과 정면으로 부딪치지만 외계 생명체를 끌어들여 진화를 설명한 그의 엉뚱한 아이디어는 훗날 우리가 외계 생명체를 언급한 최초의 생물학자로 윌리스를 기억하게 만들었습니다.

하지만 다윈이 이야기했듯이 진화에는 신이나 영적인 존재 혹은 지적인 존재가 필요하지 않습니다. 우주는 물질적이고 기계적이며 자연의 법칙에 따라 작동할 뿐이라는 천문학자이자 우주 생물학의 창시자인 칼 세이건의 말처럼 우리는 지구 물질에서 우연히 나타났고 진화해 왔을 뿐이지요. 그러나 이 과정이 필연적이라는 것을 우리는 알고 있습니다. 생명이 나타날 조건이 갖추어진 지구에서 생명이 생겨나지 않는 것이 오히려 이상한 것이지요.

많은 연구자들은 지구와 비슷한 조건을 갖춘 행성에서 생명이 생겨날 것이라고 믿습니다. 세이건은 이 넓고 넓은 우주에 지구 생명만 존재한다면 우주가 심심할 것이라고 말하면서 거꾸로 생명이 우리 지구를 제외한 다른 우주에 존재하지 않아야 할 이유를 대는 것이 더 어려울 것이라고 주장합니다.

물론 이 같은 주장이 사실로 확인되려면 우주 생명체를 발견해야 합니다. 그래서 우주 생물학은 '연구할 대상부터 찾아야 하는 분야'라는 비아냥을 듣기도 합니다만 물리학 또한 연구 대상을 찾고 있기는 마찬가지죠. 우주 질량의 25퍼센트를 차지하는 암흑 물질은 이론적으로 마땅히 존재해야 하지만 아직 발견되지 않았기 때문입니다.

물리학의 법칙은 지구뿐만 아니라 우주에도 보편적으로 적용됩니다. 반면 생물은 현재까지 지구에서만 발견되었지요. 따라서 생물학은 지구에만 적용됩니다. 생물학이 우주 보편적인 과학으로 인정받으려면 우주에서도 생명이 발견되어야 하죠. 우주 생명체 탐사 프로젝트가 생물학에서 갖는 의미란 이런 것입니다.

'우주 생명체 탐사 프로젝트'는 수십 년 전부터 가동되어 온 우주 계획의 일부로서 말 그대로 외계 생명체를 찾아내는 것이 목적입니다. 그리고 우주 생물학은 이 프로젝트의 근거이자 목적이지요. 만약 외계 생명체를 발견한다면 인류의 세계관과 종교관을 한꺼번에 바꾸어 놓을 대사건으로 기록될 것입니다.

우주 생물학은 생물학뿐만 아니라 천문학, 물리학, 화학, 지구 과학, 기계 공학, 컴퓨터 과학 등이 결집한 '종합 과학'의 성격을 띱니다. 즉 우주 생물학은 생물학의 응용 학문이라기보다는 '융합 학문'에 가깝지요. 따라서 우주 생물학의 연구 분야에서 생물학의 몫은 외계 생명체를 발견하는 것이 아니라 우주에서 생명이 탄생하는 근본적인 원리를 찾아내고 지구 밖에서 지구 생명이 살아갈 환경과 조건을 인위적으로 구성하는 방법을 연구하는 것입니다.

최근 한 연구팀에 따르면 기존에 네 가지의 염기를 갖는 DNA에 전혀 다른 네 가지의 인공 염기를 추가한 새로운 DNA를 발명했다고 하는데요. 여덟 가지의 염기를 가진 이 인공 DNA는 지구 생명체와는 전혀 다른 유전 물질을 가질지 모를 외계 생명체를 찾고 생명이 탄생하게 된 원리와 생명 활동의 메커니즘을 살피고 연구하는 데 도움이 될 것으로 보입니다.

우주 생물학 연구 분야에서 생물학의 또 다른 몫은 영화 〈마션〉2015년에서처럼 사람이 지구 대기권이나 화성 등 지구 밖에서 살아갈 방법을 연구하는 것입니다. 특히 신선한 음식을 제공하는 것은 장거리 우주 비행을 하는 우주 비행사에게 아주 중요한 일이지요. 토마토, 블루베리, 적상추 등은 사람의 기분에 긍정적인 영향을 주고 방사능으로부터 보호하는 역할도 한다고 하는데요. 수확량 측면에서 가장 적합한 품종은 감자라고 합니다.

〈마션〉에서는 주인공이 화성의 흙과 우주대원의 똥으로 만든 거름을 이용해 감자를 재배하는 장면이 나오는데요. 우주 식물을 연구하는 과학자들은 흙과 똥거름이 필요 없는 수경 재배를 선호합니다. 수경 재배는 물과 양분만으로 식물을 키우는 방식인데 뿌리가 흙 속을 뻗어 나가 물과 양분을 흡수하는 것이 아니라 링거 바늘을 꽂듯 뿌리에 직접 물과 양분을 주입하는 것이지요.

수경 재배 방식은 식물이 햇빛과 비와 바람으로부터 격리되기 때문에 이것들을 모두 인공적으로 제공해야 하는데요. 즉 햇빛 대신 LED를 이용한 인공광을 직접 쏘아 주고 물과 공기를 일정한 양만큼 투입하지요. 이 같은 수경 재배 방식은 결과적으로 공장식 재배 즉 식물 공장이라는 형태를 띨 수밖에 없는데 도서관에 책장을 진열하듯 식물을 재배하는 컨테이너를 배치하기 때문에 작은 공간에 많은 식물을 빨리 키울 수 있습니다. 병해충에 대한 피해가 거의 없다는 것도 식물 공장의 장점인데요. 남극의 세종기지에서도 사용합니다. 수경 재배는 남극이나 우주 공간처럼 흙이 없거나 화성처럼 흙을 이용할 수 없는 곳에서 식물을 재배할 수 있는 대안이랍니다.

〈마션〉에서는 화성의 흙으로 농사를 짓지만 실제 화성의 흙은 지구의 식물을 재배하기에 적합하지 않습니다. 질산화균 등 식물의 생장에 절대적으로 필요한 박테리아가 발견되지 않은 반면 생장을 방해하고 뿌리를 상하게 하는 다량의 화학 물질을 포함하고 있기 때문이지요. 따라서 화성에서의 수경 재배는 선택이 아니라 필수입니다. 화성에서 식물을 재배하기 위한 또 다른 조건은 방호벽인데요. 화성은 대기권이 얇기 때문에 방사선에 대량으로 노출될 수 있으며 이는 식물에게도 해롭습니다. 즉 식물 재배에 필요한 방호벽을 갖춘 기지가 필요하지요. 또한 에너지가 부족하기 때문에 태양광으로 보충해야 하며 물과 영양분은 모두 재활용해야 하는 시스템을 갖추어야 합니다.

화성은 과거 생명체가 살았을 가능성이 가장 높은 행성 중 하나입니다. 30억~40억 년 전의 화성의 모습은 지금과는 달리 대기층이 두꺼웠고 비도 왔다고 하지요. 그때는 화성의 핵이 식기 전이라 자기장이 태양으로부터 오는 방사능을 밀어냈기 때문에 생명체가 생존할 수 있는 환경을 어느 정도 갖추었다고 합니다. 화성의 무인 탐사선 큐리오시티가 보내온 자료에 의하면 화성의 토양에서 생명체의 흔적인 유기 고분자 화합물이 발견되었으며 대기에서는 메탄가스가 검출되었다고 합니다. 이것은 생명체 활동의 결과로 볼 수 있지요. 하지만 아직까지 화성에 생명이 살았다는 완벽한 증거는 발견하지 못한 상태입니다.

우주 생물학은 지구에서 태어났지만 우주를 지향하는 학문입니다. 연구 대상도 없는 학문이라는 둥 예산 낭비라는 둥 비난의 목소리는 높지만 외계 생명체를 발견하게 되는 날, 생물학은 우주적 보편성을 확보하고 비로소 우주로 비상할 것입니다.

참고한 자료

책

Brian K. Hall, 『진화학』, 홍릉과학출판사, 2015

김웅진, 『생물학 이야기』, 행성B, 2015

김응빈 외, 『생명과학, 신에게 도전하다』, 동아시아, 2017

김홍표, 『김홍표의 크리스퍼 혁명』, 동아시아, 2017

닐 캠벨, 『교양인을 위한 캠벨 생명과학』, 바이오사이언스, 2017

데이비드 버스, 『진화심리학』, 웅진지식하우스, 2012

리처드 도킨스, 『이기적 유전자』, 을유문화사, 2018

리처드 도킨스, 『지상 최대의 쇼』, 김영사, 2009

수전 캠벨 바톨레티, 『검은 감자』, 돌베개, 2014

싯다르타 무케르지, 『유전자의 내밀한 역사』, 까치, 2017

쑨이린, 『생물학의 역사』, 더숲, 2012

야마나카 신야, 미도리 신야, 『가능성의 발견』, 해나무, 2013

양자오, 『종의 기원을 읽다』, 유유, 2013

유발 하라리, 『사피엔스』, 김영사, 2015

율라 비스, 『면역에 관하여』, 열린책들, 2016

전방욱, 『크리스퍼 베이비』, 이상북스, 2019

정준호, 박성웅 외, 『독한 것들』, Mid(엠아이디), 2015

조너선 와이너, 『핀치의 부리』, 동아시아, 2017

웹사이트

https://www.sciencetimes.co.kr/

http://scienceon.hani.co.kr/

https://madscientist.wordpress.com/